「食」の図書館

豆の歴史

BEANS: A GLOBAL HISTORY

NATALIE RACHEL MORRIS
ナタリー・レイチェル・モリス【著】
竹田 円【訳】

原書房

目次

第3章　豆の文化　49

第4章　豆にまつわる伝承と文学　83

［……］は翻訳者による注記である。

序章◉ダークホース

豆の物語――それは古くから語り継がれてきた負け犬の物語だ。狩猟採集民族だった私たちの祖先にとって、最古の豆は自然の甘みを備えた歯ごたえのあるスナックであり、火と料理が発見されるまで、彼らの胃と食欲を満たしてくれるものだった。先史時代のわれらが血縁は正直で勤勉な生活を送っていた。彼らの社会では各自が責任を分担し、生き残ることが最優先事項だった。

人類が進歩するにつれて社会構造が発達し、序列と階級が誕生した。存在が確認されている最古の豆――レンズ豆、そら豆、ひよこ豆――は、社会的意味を帯びた最初の食べものでもあった。調理設備が整いはじめると、豆は肉を好む富裕層に見捨てられ、「貧者の食べもの」の烙印を押された。

色あざやかな、さまざまな品種の豆の山。市場にて。

帝政時代のローマでは、エジプトから現在のバチカン広場までオベリスクを運ぶ際に、パッキング・ピーナッツならぬレンズ豆が緩衝材として利用された［「パッキング・ピーナッツ」は商品配送時にクッションとして用いられるピーナッツ型の細かい発泡素材］。

豆は肉以上に偏見を持たれ、タブー視する人もいるほどだった。たとえば、古代世界に絶大な影響力を誇った、幾何学者のピタゴラスは菜食主義者だったが、豆を公然と拒否している。遠くない未来に豆畑で襲われて命を落とすことを予知したのか、彼は弟子たちに豆を食べることを（そして豆畑に立ち入ることを）禁止した。

旧約聖書の記述には、エサウが自分の相続権を売り渡し、家族の壮大な愛憎劇がはじまったきっかけは茶碗一杯のレンズ豆だったとある。豆は、消化に悪いだけでなく性的衝動を抑圧する、ハンセン病の元凶であるとまで言われることも多々あった。そしてもちろん「消化の風」（お祭しのとおり、腸にたまるガスの古風な婉曲表現）の原因として、豆はつねに評判が悪かった。

今日ではこうした根も葉もない噂はほとんどが科学的に否定されている。にもかかわらず、豆はいまでも世界中であか抜けない常備食として、タコスの具になったり、無造作にシチューに放り込まれたりしている。アメリカ人に大人気のピーナッツバターを（クランチタイプであれクリームタイプであれ）、いかにもアメリカ的な白いパンにべったり塗って頬張ってい

ボールに盛られたイタリア原産の豆

るとき、ほとんどの人は、いま自分が豆を食べていることに気づいていない。

豆には食物繊維と炭水化物が豊富に含まれている。おまけに、移り変わりの激しい21世紀のダイエットが推奨するたんぱく質もたっぷりと含んでいる。そのため肉に偏りがちな食生活を見直して、積極的に豆を料理に取り入れれば脂肪とコレステロールを減らすこともできるはずだ。

なにより声を大にして言いたいことがある。このダークホースは、すべての人類に与えている間違いなく最大の贈り物について、その功績を認められていない。その贈り物とは窒素《ちっそ》である［窒素はリン酸、カリとともに「肥料の3要素」といわれるほど植物の成長には重要な要素。大気中に大量に存在はするものの多くの植物が直接利用できない窒素をマメ科植物は取り込み、土中に固定させることができる］。

天然の窒素供給源であるマメ科の被覆《ひふく》作物［土壌の浸食の防止や雑草の抑制のために植える、地面を覆うように茂る性質のある作物］をあらゆる農地にあたりまえのように植えることをしなくなったのは比較的最近のことだ。もともとマメ科植物は、組織的農耕が開始された頃から、土を肥やすために習慣的に植えられてきたと言われている。しかし第二次世界大戦後、畑からマメ科植物の姿が消えた。皮肉なことに、豆を植えなくなってはじめて現代人は豆のもっとも重要な長所を理解するようになった。

ミシガン州サギノーバレーの「ビーンズバニー」のネオンサイン。アメリカ最大の図像型ネオンサインで、1948年に建設された。この地域で栽培されている変わった豆のマスコットキャラクターとして作られた、ウサギのぬいぐるみたちの宣伝販売に役立った。

それぞれがてんでばらばらなことを主張する、まったくばかげた〝栄養学的情報〟や〝お勧めの食べ方〟はいつの時代にもあったが、ひかえめな豆はめげなかった。真の姿をつねに誤解され、汚名を着せられ続けてきたにもかかわらず、人類史上もっとも重要な食料源候補という役柄を舞台裏からひそかに狙ってきたのである。

第*1*章 ◉ 豆という植物

豆について考えるには、まずは本体のマメ科植物のことを知る必要がある。すべての豆はマメ科植物の種子だが、すべてのマメ科植物に食用の豆が生《な》るわけではない。

マメ科植物（*Leguminosae family*）はおよそ1万7000種が属する被子植物最大の科のひとつで、いんげん豆、えんどう、レンズ豆などの野菜、クローバーなどの飼料作物、ベッチ［ヘアリーベッチやクラウンベッチ］などの雑草を含んでいる。[1] 今日ではFabaceae family と呼ばれることのほうが多い。これらの植物に共通する特性は、種子が莢《さや》にくるまれていることである。

「*Legume*（マメ科植物）」の語源は「集める」という意味のラテン語 leger だと言われている。一度に複数の種子が収穫できるからだろう。莢《さや》というひとつの部屋には、大きな胚《はい》と小さな胚乳《はいにゅう》から成る種子がつねに複数おさまっている。その種子が、私たちが日頃食べている豆である。マメ科植物の種子はあらたな生命の源であり、大地にまけば芽を出し、花を咲かせ、実をつける。

世界のほとんどの地域では、いんげん豆、えんどう、レンズ豆をひとくくりにしてたんに豆と呼ぶが、地域によっては、いんげん豆、えんどう、レンズ豆などと呼び分けているところもある。

この本では主としていんげん豆（bean）について論じるが、その姉妹植物であるえんどうやレンズ豆、さらに無名の豆たちにもふれないことには、豆の物語を語ることにはならない。

◉豆とはなにか

生の豆（グリーンビーン）、乾燥させた豆、缶詰の豆。パルス（pulses）［いんげん豆、えんどう、小豆を指す言葉］、ピーナッツ、グラウンドナッツ。クローバー、アルファルファ、バニラ、フェヌグリーク［マメ亜科の植物。和名コロハ］。非常に多くの植物が「豆」と呼ばれているが、そのなかには正しくは「豆」でないものも多い。実際のところ、この本で取り上げるべきものはどれなのだろう？

古英語の「豆 bean」はゲルマン祖語の bauno に由来する。bauno はラテン語の faba と親戚関係にある。大昔から、グリーンビーン（緑の豆）は、新鮮な生の豆を指す言葉だった（今日では缶詰の豆や乾燥させた豆のほうが普及している）。「緑《グリーン》」は色を表わす言葉でもあるが、「グリーンビーン」は、未熟な、甘みを備えた歯ごたえのある野菜としての豆を指す場合が多く、品種によっては緑以外の色のものもある。

私たちは豆を食べるとき、たいてい殻をむいて（莢から外して）食べるが、未熟な状態の豆はとてもやわらかいので莢ごと食べることもできる。パルス（pulses）は、19世紀後半に缶詰の製造が実用化されてから、食用の乾燥豆を指す言葉になった。

●さまざまな豆

マメ科植物のなかで人気があるのが、新世界原産のいんげん豆属（*Phaseolus*）だ。とくに現在世界に広く流通している4種類の豆、ピント・ビーン（うずら豆）、ネイビー・ビーン（白いんげん豆）、キドニー・ビーン（赤いんげん豆）、ブラック・ビーン（黒いんげん豆）はいんげん豆属の仲間である。いんげん豆（学名 *Phaseolus vulgaris*）はコモン・ビーン［common は「一般的な、ありふれている」という意味」とも呼ばれる。おそらく、大衆市場で料理の付

クランベリー・ビーンは新世界ではおなじみの豆のひとつ

け合わせやフィリング（具）として推奨されるようになった、先に挙げた4つの品種を含んでいるからだろう。

しかしいんげん豆（*P. vulgaris*）は、美しい色、斑紋《はんもん》、斑点《はんてん》、ユニークな形などではっと目を引く、歴史的価値のある豆の宝庫でもある。先祖から代々受け継がれてきた「秘伝豆《エアルーム》」とも呼ばれるこれらの豆は、すべて蔓状《つるじょう》あるいは藪状《やぶじょう》に成長する。たとえば、炭のように真っ黒いブラックタートル・ビーン、ピンクの斑紋があざやかなボルロッティ（クランベリー・ビーン）、小さくてやわらかいフレンチ・フラジョレ、ほぼ完全な球形で、半分が黒で半分が真珠のように真っ白なカリプソ・ビーンなどがある。

アナサジ豆——アメリカ南西部に住んでいたアナサジ族にちなんでこう名づけられた——は、1950年代後半、カリフォルニア大学ロサンゼルス校の研究者たちによって、廃墟となった古代の住居跡で発見された。赤と白の斑紋を持つこの豆は、松脂《まつやに》で封をされた土器のなかで、誰の手も借りることなくずっと保存されていた。

UCLAの科学者たちは、放射線炭素年代測定法を使ってこの豆が紀元前500年のものであることを突きとめた。このなかのいくつかの豆は発芽してさらにのちの世代に命をつないだ。

今日、アナサジ豆はおもにアリゾナ州で栽培され、地元のアドビ製粉社のトレードマーク

新鮮な緑のさやいんげんと黄いんげん

になっている。このように俗っぽく商業利用されているにもかかわらず、アナサジ族の直系の子孫であるホピ族は、いまもアナサジ豆を食生活の柱として頼りにし、「ポワムヤ」［ホピ族の二月。浄化の月という意味がある］に行なわれるビーンダンスのシンボルとしている。

ハンニバル・レクターの好物はそら豆だったかもしれないが、共和制ローマに攻め込んだカルタゴのハンニバル将軍は、世にもめずらしいいんげん豆（*P. vulgaris*）に舌鼓を打ったことだろう。いまも残るこのファジョリーニ（いんげん豆）は、ハンニバルの軍勢が占領したトスカーナ地方周辺でしか栽培されておらず、市場にはあまり出まわらない。

イタリアに本拠地を置く国際的組織、スローフード協会の活動に通じている方なら、「味の箱舟」というスローフード協会の下部組織が栽培しているゾルフィーニという豆のこともご存知なのではないか（「味の箱舟」は、絶滅の危機に瀕している稀少な食べものをリストアップし、教育的販売促進活動を通じて、最終的に保存することを目的とした非営利団体）。彼らの取り組みはゾルフィーニでは成功した。プラトマーニョ地方原産の、バタークリーム色をしたこの豆は絶滅しかけていたが、現在では広く（少なくともイタリア人とスローフード協会の信奉者たちのあいだでは）栽培・販売・消費されている。

イタリアにはほかにもラモンやソラーナなど絶滅から救い出された固有種の豆がある。「味の箱舟」には登録されていないが、これらの豆は国の保護システムの下で守られている。イタリアは国を挙げて稀少な在来種の保護に取り組んでおり、豆の原産地では豆祭りも開催されている。

フランスも豆祭りの盛んな国である。彼らは新世界原産の秘伝豆のことも祝う。フランスには、法に基づく食品の安全性と品質保証の目印である「赤ラベル」など、独自の食の保護システムがあり、それによって複数の豆が守られている。

カスレ［白いんげん豆と肉の煮込み料理］をこよなく愛する人々のために、フランスの肉屋の店先には小さなフレンチ・フラジョレ（いんげん豆）がラムのモモ肉の隣になに食わぬ顔をして並んでいる（カスレ通によれば、おいしい煮込み料理には絶対にアリコタルベ［ピレネー地方タルブ産の白いんげん豆］が欠かせないのだとか）。

ピレネー山脈のふもとで栽培されている最高品質のタルベは、1533年にカトリーヌ・ド・メディシス［1519～89年。フィレンツェのメディチ家出身。フランス国王アンリ2世の妃］がマルセイユに到着したときに婚礼の祝いとして兄から贈られたものだと言われている。

次に紹介する2種類のいんげん豆属は、大きさの点では対照的だが、どちらにもそれぞれ長所がある。ライマメ（学名 *Phaseolus lunatus*）は、ペルー原産のリマ豆（バター・ビーンとも呼ばれる）に代表される大きな豆の仲間たちだ。ただし大きさの割に、小さい豆より調理に時間がかかるということはほとんどなく、煮込むとなめらかな舌ざわりになる。

リマ豆には野菜のような苦みがあると言う人もいる。そのためこの豆は少々評判が悪い。キャサリン・E・ビーチャー［1800〜78年。作家、教育者。女性の教育を推進した］（『アンクル・トムの小屋』の作者、ハリエット・ビーチャー・ストウの姉）による家政学の手引書『アメリカ女性の家庭 *The American Woman's Home*』にリマ豆が取り上げられているが、この豆の魅力を充分には伝えきれていない。

ライマメ（*P. lunatus*）はすべて南米大陸原産だが、テパリービーン（学名 *Phaseolus acutifolius*）は、北米大陸からから中米にかけて、さらに具体的には現在のアメリカ合衆国南西部が原産の豆。このちっぽけな豆は、その大きさ（小ささ）にもかかわらず、この過酷な自然環境に暮らす人々に途方もない恩恵を施してきた。乾燥した気候に適しており、水がほとんどなくても成長できる。これまでに数百種の固有種が見つかっている。店頭で売られているのは、いとこのいんげん豆たちのような、典型的な白か茶色の豆が多いが、さまざまな色や種類のものがある。

道行く人の目を奪わずにはおかないのがベニバナインゲン（学名 *Phaseolus coccineus*）だ。風に揺れるしなやかな枝と色あざやかな莢《さや》と花を持ち、地上を這うように伸びる（送出《そうしゅつ》枝《し》）この植物には、トレリス［蔓《つる》や蔦《つた》をからませるための格子状のフェンス。ラティスと同じ］で手なずけられたものと、野生のまま放置されているものがある。

いんげん豆属のなかでベニバナインゲンが人気があるのは、莢の中の豆は一見薄紅色《うすくれないいろ》をしているが、よく見ると藤色、すみれ色、深い緋色《ひいろ》、そして紫の斑紋があるものまで、驚くほど豊かな彩りがあるからだ。あらゆる豆のなかでいちばん大きいかもしれない乳白色の豆――そのためライマメに間違われることがある――は、その名もまさに「ロイヤルコロナ」という。この豆も送出枝だ。豆の保護活動家スティーヴ・サンドによって有名になったロイヤルコロナはメソアメリカ原産で、大きさはリマ豆の約2倍、調理するとさらに大きくなる。

より広義のマメ科植物のなかには、世界中の料理人に愛用されている食材もある。ピーナッツは世界中の誰もが知る人気の豆。炒って塩をまぶしたり、殻ごとゆでたり、ピーナッツバターにしたりする。アフリカにはグラウンドナッツ・シチューという有名な料理もある。西アジアのフェヌグリークというスパイスをよく知る人ならば、このマメ亜科の植物の種子や葉、すべての部位が、西アジア独特の風味豊かな料理にぴったりだということをご存知だろう。

マメ科に属していなくても、似たような植物学的特性を備えていて、牛やヒツジなど反芻《はんすう》動物の飼料になる被覆《ひふく》植物もマメ科植物の仲間と呼べるだろう。アルファルファやクローバーも、ほとんどのマメ科植物のように土壌微生物の根粒菌《こんりゅうきん》と共生し、根粒菌は根のまわりに独特の根粒《こんりゅう》を形成する。

ピーナッツはマメ科（*Fabaceae family*）の仲間

これらの植物は、根粒菌と共生することで空気中の窒素分子を植物の生育に必要な窒素化合物に変換し、自身の栄養とするとともに土中にも窒素を残す。化学肥料としての窒素を工業的に生産するときには工程上の理由で大量の二酸化炭素を排出するが、根粒菌は排出しない。マメ科植物は地球環境的にもすぐれている。

バニラ「ビーンズ」は「ビーンズ」と呼ばれているが、マメ科ではなくラン科の植物。アッケシソウという塩味のある多肉多汁の植物も１９９０年代半ばに「シービーンズ」と呼ばれて脚光を浴びたが、マメ科の植物ではない。

◉種をまく

豆はこの世に生を享《う》けた直後から、ふたたび地面にまかれるか、人に食べられるかというふたつの試練に備えている。ほとんどの豆は雌雄同株《しゆうどうしゆ》、つまり花の中にめしべとおしべがあり、ほかの昆虫などの助けがなくても自家受粉して子孫を残せる。栽培された種子（豆）にはふたつの義務がある。収穫されて人の舌をよろこばせるか、保存されてふたたび地面にまかれるか。地方の市場で見かけるような色あざやかな秘伝豆が多数保存されているのは、このように自分だけで命をつないでいける豆の性質のおかげだ。

豆の栽培方法は、豆を育てる環境に大きく左右される。ほとんどの豆は温暖な気候を好むが、極端な暑さに耐えられる豆もある。どの程度の水やりが必要かは、豆の種類、栽培する土地の気候によって大きく異なる。

どの種類の豆を育てるかは、栽培する土地の広さによっても変わる。豆が必要とするものに応じて、基本的に3種類の栽培方法がある。蔓性のものは上に向かって伸びていくので支柱が必要だ。送出枝のものは一般的に長い巻きひげがあるので、奔放な行動をしつけるためにトレリスを必要とする場合が多い。藪《ブッシュ》状のものは単独で成長できるので支えは必要ない。

あなたが創造的な園芸家なら、アメリカ先住民が考えた「三姉妹作付け法」を試してみてはどうだろう。これは豆以外にも作物が収穫できる、楽しいうえにやりがいも大きい栽培方法だ。「三姉妹」とは、トウモロコシ、豆、カボチャのことである。これらの種子を一緒にまくと、トウモロコシの高い茎が豆のトレリスになり、豆がほかのふたつの作物の成長に必要な窒素を供給し、カボチャの葉が地面に影を落として地中の水分と栄養分が蒸発するのを防ぐ。

もちろん、育てる豆の品種と栽培方法以外に、豆を植える土地についても求められる条件がある。たっぷりと日光が降り注ぐ場所が理想的だろう。ほとんどの豆には定期的な水やりと施肥が必要なので、水源の近くに豆を植えることが望ましい。豆を植える前に土壌を検査

菜園でトウモロコシの茎をのぼっていく蔓（つる）性の豆

アメリカ先住民の男女が畑を耕し、トウモロコシか豆を植えていたかつてのようす。1591年。

豆をより分ける。

種子だけでなく莢ごと乾燥させることもできる。

紐に縛ってつるし、乾燥させたさやいんげんの莢。「革のズボン」とよく呼ばれる。豆を保存するために用いられる方法で、アメリカのアパラチア地方の名物。

してみよう。豆の生育に最適な土壌のpH度は6・0から6・8。必要に応じて酸性度は調節できる。[2]

美しい花が咲きはじめたら、それは「じきに豆が食べられますよ」という植物からの合図だ。花のあとに莢が成り、成熟する莢の中で豆が膨らんでいく。緑の豆をそのまま食べることも、乾燥させてから料理したり、種子として保存したりすることもできる。

豆を乾燥させてから収穫したいなら、莢が充分乾燥するまで待たなくてはならない。莢の中で種子（豆）がからからと音を立てるようになったら、収穫の時期が来た合図だ。莢がもろくなるまで待っていると、豆を集めるのは難しくなる。かといって水分が残っていると、カビが生えやすくなる。豆を入れる頑丈な袋を用意したら、友達をひとりかふたり誘って収穫に出かけよう。目の詰んだ丈夫なトートタイプの袋に枝から摘んだ莢を放り込む。豆を莢から取り出すのは造作ない。袋をしっかり閉めて、硬い平らな場所に叩きつければ、豆が莢から飛び出す。

あなたが探究心あふれる園芸家なら、アメリカ第3代大統領トーマス・ジェファーソンから学ぶことがきっとあるはずだ。18世紀末から19世紀初頭にかけて世界中を精力的に飛びまわっていたジェファーソンだが、バージニア州モンティセロの自宅に頻繁に戻っては、あらたに見つかった植物とその栽培技術について調査と実験を繰り返していた。そんな彼が、

トーマス・ジェファーソンのモンティセロ邸の正面玄関

モンティセロのブドウ畑を見下ろす菜園を美しく彩るために選んだのが豆だった。

東屋の周囲にベニバナインゲンやフジマメが植えられた。[3] 花の咲く時期が訪れるたびに、トレリスに巻き付いたベニバナインゲンやフジマメには白と藤色の花が咲き、緑の莢が成った。夏の暑い盛り、6メートル近い高さまで成長する豆の木は、涼しい木陰と壮大なブドウ畑の背景を提供してくれた。

多様性に富んだ庭作りをしたい人、あるいは、比較的近年になってから大量生産されて市場に出まわるようになった品種——ピント・ビーン（うずら豆）、ネイビー・ビーン（白いんげん豆）、キドニー・ビーン（赤いんげん豆）、ブラック・ビーン（黒いんげん豆）など——以外の豆を味わってみたい人は、単純に色や名前で種子を選ぶといい。絶対の保証はできかねるが、あざやかな色の豆、独特の斑紋や斑点のある豆は、秘伝種や固有種である可能性が高い。さらにもう一歩進んで、めずらしい品種の種子を販売している種子保存会のサイトをのぞいて注文してみるのもいいだろう。

ジェームズ・タッカラ＆サン。紫ヒヤシンス、スイートピー、ヒマワリの花束のエッチングに手彩色を施したもの。1814〜17年。

豆にはさまざまな色、形、大きさのものがある。

第2章◉豆のはじまり

◉火と料理の発見

幾千年ものあいだ、人類の先人たちは調理された食べものを知らなかった。多くの発明について言えるように、ネアンデルタール人はたまたま火に遭遇したと考えられている。幸運（あるいは不運）にも雷に打たれたか、あるいはほかの目的のために石板を叩いていたところ火花が散ったのか——状況はどうあれ、火の発見は多くの点で転換点となった。いまや人類は周囲の環境を支配できるようになった。火は身の安全と温かさの源泉となり、神聖な意味さえ帯びるようになった。

火は、食べるという行為においても転換点だった。いつ、どのように料理がはじまったのか正確なところはわからないが、火が料理の発明をうながしたことは間違いない。人類はそれまで生の豆しか知らなかった。しかし野生の豆はほぼ例外なく筋だらけで、はてしなく噛み続けなければならなかった。

火で料理する習慣が生じたことで、これまでまずくて食べられなかったものや、毒性のあるものも食べられるようになった「いんげん豆に含まれるレクチンのような植物由来の毒素は、加熱すれば破壊されるものが多い」。加熱すると、たんぱく質はかたいコイル構造がほどけて、消化酵素で分解されやすい構造になる。水を加えて加熱すれば、でんぷんの粒が崩壊してやわらかくなり、腸で消化されやすくなる。要するに、加熱調理は食べものを消化しやすくするので、食べられる量が増える。火が使えるようになったことで、人類の食べものの選択肢は広がり、ある程度の期間、食べものを保存できるようにもなった。[1]

ところが、紀元前4000年頃、人類最初の階級社会であるシュメール文明が興り、たんなる調理《クッキング》から枝分かれしたちょっと贅沢な料理《キユジーヌ》が誕生すると、豆は最初の社会的汚名を着せられるのである。シュメール文明が誕生する前、旧石器時代から中石器時代までの狩猟採集社会では、労働はおおむね男女で分担され、植物を採集するのは女性、狩りや釣りは男性の仕事と決まっていた。[2] 豆や野菜の収穫は、収穫というより今日でいう採集に近かった。大規模農業はおろか農耕と呼べるようなものも行なわれていなかった。初期人類は自分たちが暮らす土地で手に入るものを探して日々の糧としたが、季節や天候の影響に一喜一憂せざるをえなかった。

野生種の豆はいたるところにあったので、当てにできる食べもののひとつだった。彼らの小さな共同体ではまだ指導者は育っておらず、貧富の格差もほとんど存在しなかった（食品を大量生産する組織化された文明社会とは大違いだ）。人々はひたすら生き延びることに集中していた。その後まもなくはじまるシュメール文明のような階級社会とは対照的に、こうした先史時代の共同体では概して人々は仲睦まじく暮らしていた、というのが研究者たちのあいだではほぼ定説になっている。

◉農業革命

中石器時代が終わり、新石器時代がはじまると同時に新石器革命が起きた。農業革命とも呼ばれるこの時代は、食の歴史におけるもうひとつの転換点だった。考古学者たちによれば、農業革命は、氷河期のあと地球が自然に温暖化したことにより生じたものらしい。

長い不毛の時代が終わり気候が和らいで、人類は植物を栽培し、家畜を飼育するようになった。ただし、この食べものを産出する組織的システムを「農業」と混同すべきではない。農業は、食料を生産するはるかに大がかりで環境に負荷のかかる形態で、これよりだいぶあとにはじまる。

旧世界全域（ヨーロッパ、アジア、アフリカ）で、系統立った植物の育種と動物の家畜化の試行錯誤がはじまった。もはや共同体は――規模の大小を問わず――食べものを探して狩猟採集民のような生活を送る必要はなくなり、代わりに自分たちの住む環境を支配し、自分たちのために動植物を働かせる術を学んでいった。それは退屈な、落胆させられることも多い道のりだった。

定説によれば、植物のなかで最初に栽培が試みられたのは穀物だと言われている。しかし人間が移り住んだ土地にだんだんなじんでいったように、彼らに連れてこられた植物や家畜もあたらしい土地に少しずつ順応していった。それまで雑草とみなされていたさまざまな草も、価値を見出されて収穫されるようになった。いまでは広く栽培されている穀物のライ麦とオーツ麦も、最初は見向きもされなかった。幸いにもトマトはトウモロコシ畑や豆畑から救い出された。

発見の時代は破壊の時代でもあった。人類があらたに見出したこの耕作という技術を学び、洗練させ、拡大しようと試みるあいだに、この技術は土地を疲弊させていった。それはその後に控える大規模農業の発達とともに訪れるものを予感させた。

ドラゴン・タン（龍の舌）・ビーン

当時はまだ、同じ作物を毎年同じ場所に植えると土壌の栄養分が枯渇し、その結果食料の成長が阻害され、きわめて重要な環境資源が破壊されてしまうことはわかっていなかった。このような栽培方法では土壌の栄養分はわずか数年で枯渇してしまうが、回復するには長い時間がかかることを人類は知らなかった。こうして、耕作と放牧がむやみに繰り返された土地はやせていった。

●最初の豆

この時期、現在私たちにもおなじみの食べものが数多く栽培されるようになった。最初に小麦と大麦、続いて、えんどう、レンズ豆などの豆類、そこにオリーブ、イチジク、デーツ、ブドウ、ザクロが加わった。新石器革命の主役の座は穀物に与えられる場合が多いが、豆の歴史研究家のケン・アルバーラによれば豆類もあなどりがたい役割を演じていた。

主役はおろか、主人公の親友の役さえもらえなかったマメ科植物がここではじめて舞台に登場するのは、豆が小麦の成長を、そしてのちには野菜の成長もうながすことが認識されたからだった。ほかの作物の近くに植えられたマメ科植物は天然の肥料供給源になる。マメ科植物の根系《こんけい》にびっしりとくっついている根粒菌という土壌微生物は空気中の窒素を取り込み、土壌に栄養を与えて地力を回復させるのである。

牛やヒツジなど、草を主食とする反芻動物は、さまざまな植物を食べ、排泄することで大地を肥沃にしている。土と植物が健康であるからこそ、呼吸するすべての生きものに清浄な空気をもたらすことができる。穀物と豆を一緒に食べることは人間の食生活にも望ましいことがわかっている。ある種の豆は肉と同程度のたんぱく質を含み、穀物と一緒に摂取すれば相乗効果を発揮して、人間に必要な栄養をあまさず供給してくれる。

用水路や灌漑システムを建設し統治する行政組織が豆の重要性を認識しはじめると、より賢明な食糧生産の仕組みが編み出されるようになり、文明が発達する土台が築かれた。人類が豆の力を発見した頃から、人口は爆発的に増加する。「豆がなかったなら、こうした古代文明が誕生した確率はもっと低かったに違いない」とアルバーラは指摘している。[3]

●レンズ豆　そら豆　ひよこ豆

今日、窒素供給源として広く利用されているマメ科植物のなかでもっとも古くからその価値を見出されてきた豆のひとつが、レンズ豆だ。肥沃な三日月地帯で見出されたレンズ豆は、やがてこの文明を支えるようになる。自家受粉できて、天候の変化に強い野生のレンズ豆は、

調理前の皮付きレンズ豆

長い歳月のあいだに植物としてより丈夫になる一方、種子の皮はどんどん薄くなり、発芽しやすく、消化しやすい豆になった。狭い土地でもよく育ち、土壌に栄養をたっぷり与えてくれるレンズ豆は栽培品種化するにはもってこいの植物で、貴重な食料源として人類の人口増加を支えた。

農耕同様、シュメール文明も新石器革命の産物だった。チグリス川とユーフラテス川にはさまれたメソポタミア（現在のイラク南部）――レンズ豆がはじめて栽培育種化されたと考えられている場所から少しだけ南に位置する――に、シュメール人が人類最初の階級社会と考えられているものを形成した。

それまでの比較的平等主義的な集団と違い、シュメール人ははるかに広い地域を支配し、ピラミッド型の社会を形成した。社会を構成する大多数は農民で、彼らが育てた作物――大麦、小麦、粟《あわ》などの穀類、ひよこ豆、レンズ豆、いんげん豆などの豆類、ニンニク、リーキ、キュウリ、マスタードなど、農産物の収穫はすべて楔形文字《くさびがた》で記録された。

レンズ豆のほかにふたつの豆が肥沃な三日月地帯原産と考えられている。そら豆とひよこ豆だ。そら豆は世界最古のマメ科植物であることがわかっている。イスラエル北部の町、ナザレの近郊で考古学者が発見したそら豆は、紀元前６５００年のものと言われる。世界のどこよりそら豆愛が強いのはおそらくエジプトだろう。いまもエジプト人の食生活にはそら

人類が発見した最古の豆のひとつであるにもかかわらず、ひよこ豆は現代の料理でも大きな存在感を発揮している。

豆が欠かせない。そら豆を煮込んでオリーブオイルとレモン汁であえたフル・ミダレスは、エジプトの国民的料理で、朝食にかならず登場する。

ひよこ豆（chickpea）（ガルバンゾやエジプト豆とも呼ばれる）は——実際はpea（えんどう）ではなくbean（いんげん豆）——トルコおよびシリア近郊が原産地だ。ひよこ豆はそこから各地に伝播《でんぱ》し、ギリシア、イタリア、スペインの食文化に取り込まれていった。アラビア語ではひよこ豆を「フムス」という。ひよこ豆が材料の人気のペースト料理と混同してはいけない。こちらは正しくは「フムス・ビ・タヒニ」という。

ところが、シュメールで階級社会が形成されていくにつれて、豆の評判はどんどん悪くなっていった（いまも欧米社会にはその名残がある）。富裕層の肉への関心が高まり、肉を食べる経済的ゆとりが生まれると、豆は彼らの食生活からまっさきに排除され、「貧者の食べもの」の烙印《らくいん》を押されてしまったのだ。

氷河期末期の北半球、かつてアジアとアラスカを隔てていた巨大な海があった場所が地続きとなった。こうして人類は東へ、つまりアジアから、のちに南北アメリカ大陸と呼ばれる場所へ移住できるようになり、自分たちの食習慣と食にまつわる知識を運んでいったと研究者たちのあいだでは言われている。文化と食習慣の移動が地球規模ではじまったのである。簡単に持ち運びできて、腹を満たしてくれて、さまざまな気候に適応できる豆は、あらたな故郷を目指す人々の荷物のなかに放り込まれた。

第3章 ◉ 豆の文化

タイ北西部スピリット洞窟の出土品により、すでに紀元前9750年の昔から、いんげん豆やえんどうの仲間が栽培されていた可能性があることがあきらかになった。紀元前7000年から紀元前5000年にかけて、ちょうど地球の裏側にあたるアメリカ大陸でも、さまざまな植物に混じって野生の送出《そうしゅつ》枝《し》の豆の蔓《つる》が、メキシコのタマウリパス山岳地帯の洞窟に住む住民たちによって収穫されていた。豆はまだ栽培品種化されていなかったが、洞窟の住民たちは、ペポカボチャ、トウガラシ、ヒョウタンなどの植物を手なずけようと試みていたらしい。そこからあまり遠くない、リマの真北に位置するペルーのアンカシュ地方では豆が栽培されていた。

紀元前2300年から紀元前1500年頃、インダス文明を代表するふたつの都市、ハラッパーとモヘンジョ＝ダーロ（現在はパキスタン領。鶏がはじめて家畜化された場所とも言われている）では、小麦、大麦、えんどうをゴマ油で炒めて、ターメリックとショウガで味付けし、仕上げにマスタードを添えた料理が主食だった。

紀元前9世紀に出現した中央アジアの遊牧民、スキタイ人――ヒポクラテス［紀元前460頃～紀元前377年。ギリシアの医学者］は彼らを「肉付きのよい幸福な人々」と呼んだ――の放浪生活と、定住して行なう農業が相いれるはずのないことを考えれば、彼らの栄養源はおもに家畜だったはずだ。彼らは移動しながら交易を行ない、機会あるごとに家畜と食べものを交換していた。魚などの基本的な食べもの以外に、栄養を補う食べものとして豆も好まれた。

紀元前6世紀頃には、料理、照明、医薬品など、幅広い目的のためにオイルが必要とされた。オイルはさまざまなものから抽出されたが、マメ科植物が原料のものもあった。アジアでは大豆やココナッツ、南アメリカではグラウンドナッツ（ピーナッツの原種）からオイルが抽出された。

◉ローマ人は豆が大好きで大嫌い

ローマ人は大の豆好きで、なかでもそら豆を好んだ。金持ちが日常的に口にしていたのは、全粒粉のパンにワイン、そしてお気に入りの豆だったが、貧乏人は彼らと同じというわけにはいかなかった。誰もが気軽に調理設備を使える時代ではなかったので、貧乏人は道端の屋台で食べものを買って食べていた。両手いっぱいのオリーブの実、イチジク、生の豆——庶民の食事はいつもそんなもので、運が良ければあぶった豚肉や塩漬けの魚の切れ端にありつくくらいだっった。

西暦の幕開けと同時に、ローマ帝国は長い衰退への道のりを歩みはじめ、それとともに、彼らのゆるぎない豆愛も衰えていった。紀元476年、ゲルマンの傭兵《ようへい》隊長オドアケル［434?～494年］によって皇帝ロムルスが廃されると、ローマは異民族に支配されるようになった。

現在、イタリア人のそら豆愛は、「モディカ・コットイアそら豆」を使い続ける伝統のなかに保存されている。モディカは、ユネスコの世界遺産に登録されているシチリア島南部の町で、近年まで農耕と牧畜による自給自足の生活を営んでいた。

この町の固有種であるそら豆は、土壌の窒素を増やすために穀物畑にまかれ、家畜の餌に

1709年に出版された『料理帖』の表紙。紀元１世紀にアピキウスによって執筆されたと言われる。

なっていた。ふんだんにあったので地元の料理に欠かせない素材とされるようにもなり、調理が簡単なことから「コットイア cottoia［「加熱した、煮た」という意味］」と呼ばれた。とはいえ、肉がよく食べられるようになったことから、この名物のそら豆の栽培量は減少している。[1]

ただし、ローマ人は大の豆好きだったにもかかわらずレンズ豆をひどく嫌っていたことにはふれておかねばなるまい。事実、ローマ人はこの小さな豆が大嫌いで、まともな食べものとみなさなかった。世に名高いバチカンのオベリスクを船で輸送するにあたっては、約800トンのレンズ豆が緩衝材として利用されたという。

そのローマで書かれた人類史上初の料理書『料理帖 *De re coquinaria*』にレンズ豆の調理法がいくつか掲載されているのは皮肉なことだ。『料理帖』の執筆者だと言われるアピキウス［1世紀のローマの美食家。美食の限りを尽くした］は、レンズ豆のひそかなファンだったのだろう。しかし彼の努力も空しく、レンズ豆が嫌われる傾向は、ヨーロッパでは中世に入ってからも続いた。中世ヨーロッパでは、家畜の飼料にもなる乾燥えんどうやいんげん豆のほうがはるかに人気だった。[2]

一方、アジアおよびアラブでは、乳製品もあるにはあったが、市場に圧倒的に出まわっていたのは豆やナッツから作られる乳汁《にゅうじゅう》で、その傾向は今日にいたるまで続いている。酥《そ》と呼

大豆の苗

ばれるクロテッドクリーム［乳脂肪分の多い固形状のクリーム］が流入した唐王朝（618～907年）を除けば、中国では一般に乳汁といえば大豆から作られるものだった。

「大いなる豆」と呼ばれる大豆は、実用性と同時に精神性を帯びた食べものだった。インドの人々も、口から取り入れる食べものは、肉体だけでなく精神と魂の健康にも直接影響を与えると信じていた。植物から作られた乳汁や、さらにそれを加工して作られる豆腐などの食べものには動物の乳のような酸味がなく、腹を下す危険が少ないという長所もあった。

◉新世界の豆

1492年、コロンブス［1451～1506年］が紺碧《こんぺき》の海を渡った。翌年にかけて、良くも悪くも彼の航海が触媒の役割を果たし、今日のグローバル社会への扉を開くきわめて重要な出来事が起きる。コロンブス交換である。

コロンブスと彼の部下たちは、東インド諸島を目指す旅の途中で迷子になり、先住民のいる島に流れ着いた。のちにバハマ諸島と呼ばれるその島に、彼らは植民地を建設し、そこからさらに新世界の探検を続けた。やがて東半球（旧世界）と西半球（新世界）のあいだで未知の植物、動物、病気がやり取りされ、その結果、自然環境ばかりか、経済、社会、政治が

新世界の豆たち

激変した。[3]

イタリア生まれのコロンブス（クリストフォロ・コロンボ）は、イベリア半島で展開された過酷なレコンキスタ（国土回復運動）の最後の年に、カスティリャの女王イサベル１世［１４５１〜１５０４年］に帝国主義的政策の一環として雇われた探検家だった。女王の計画はみごとにあたり、スペインはその後世界に君臨する大帝国となった。

今日、ペルーはジャガイモの原産地として有名だが、豆とも縁のある国で、不幸なことにスペインのレコンキスタ体制の余波を被った。１５２５年、コンキスタドール［新大陸発見後、南北アメリカ大陸各地を征服したスペイン人］のひとり、フランシスコ・ピサロ［１４７０頃〜１５４１年］がペルーの征服を試みた。ピサロは自分と部下たちの拠点とすべく「王たちの街」を建設し、スペイン支配に抵抗する先住民と戦うときはその街に逃げ込めるようにした。当時、インカ帝国は天然痘の流行や内戦によって弱体化していたため、ピサロと戦ったものの敗北した。１５３５年、この街は、この地域の固有種である豆にちなんで「リマ Lima」と名を改めた（Limaq は、先住民が使っていたケチュア語で「話す人」という意味である）。

大西洋を渡って旧世界に到来した品々は、そのほとんどが南米大陸原産だ。じつに壮観なリストを次に挙げよう。ジャガイモ、トマト、トウモロコシ、アボカド、パイナップル、チョコレート、バニラ、コショウ、そして、金、銀、ゴム、チューインガム、キニーネ。リストには豆類も含まれる。ピーナッツ、バタービーン、リマ豆、ベニバナインゲン、いんげん豆などなど。

新大陸も恩恵を受けた。コロンブスはのちにさまざまな品種の小麦、ひよこ豆、サトウキビをカリブ海諸島にもたらした。ヤムイモとささげは、旧世界の探検家たちがアフリカから奴隷を連れてくるようになったときに伝来した。

新世界からユーラシア大陸に運ばれてきた食べもののなかには、すぐに旧世界に受け入れられなかったものもあった。新世界原産のものが本当の意味で受け入れられるようになるまでにはおよそ300年の歳月がかかった。

ただし、3つだけはじめから大歓迎されたものがある。七面鳥、煙草、豆だ。旧世界にはすでに多くの種類の豆があったので、人々はリマ豆のような豆が食卓に登場しても比較的すんなりと順応できた。ひよこ豆とレンズ豆はヨーロッパのいたるところにあり、キドニー・ビーンはすでにフレンチ・ビーンと呼ばれていた。当時から養わなくてはならない厖大な人口を抱えていた中国は、サツマイモとピーナッツを歓迎した。新世界原産のこのふたつの食べものは、どちらも中華料理の代表的な食材となり、やがてアジアのほかの国々の料理にも取り込まれていった。

世界はこの時点まで、程度の差はあれ、個々の共同体が必要とするものを交換しあうという貿易システムのうえに成り立っていた。コロンブス交換によって、今日私たちが知るような地球規模の経済貿易市場の門戸が開かれ、儀式、習慣、思想、言語、政治、料理、味、伝統的知識といった文化を隔てる境界線は曖昧になっていった。新世界と旧世界のあいだにまったくあたらしい、均質化された、しかし複雑な相互作用が生まれ、それによって生態系が変化し、あらたな社会構造が構築されていった。

◉奴隷貿易

新世界にもたらされた食べもののなかには、それを運んできた奴隷の食生活に由来するものもあった。それらの食べものによって異文化交換が生まれ、食べものが運ばれてきた地域の農業や気風《エートス》を永遠に変えることもあった。

その一例がグラウンドナッツ・シチュー（ソースアラシッド）だ。ピーナッツは南米原産だが、奴隷貿易によってアフリカに運ばれ、アフリカ最西端の地域に根を下ろした。ここに進出していたイギリス人入植者たちが、やはり異文化交流の賜物だったインド風カレーなどの故郷の味を恋しがり、その味を再現しようとしてグラウンドナッツ・シチューが生まれた。グラウンドナッツ・ペースト（またはピーナッツバター）、パームオイル、燻製《くんせい》の魚、ヤギの肉が材料のこのシチューはガーナの文化にみるみる浸透していった。やがてこの物語からイギリス人は除外されたが、グラウンドナッツ・シチューは西アフリカ全域を代表する郷土料理になった。

●豆を食べる人たち

いまも昔も、豆がある特定の集団と結びつけられ、その集団の代名詞になっていることがある。多くの場合、豆は、食物連鎖の頂点に君臨する富裕層に後れを取った人々が、生き残るために食べていたもの、ではなかったとしても、彼らの日常食だった。いずれにせよ、豆が食卓にのぼらない日はないと言っていいほど、豆が人々の生活に深く根差している地域がある。

アフリカには、アフリカ発祥と言われる多くの豆類がある。ささげ、キマメ、フジマメはすべてサハラ以南アフリカの原産で、その土地に住む人々はこれらの豆を食べていた。アメリカ先住民の三姉妹農法とまったく同じように、ささげも穀物と一緒に——時代が下ってからはトウモロコシと一緒に——栽培されることが多く、アフリカの一部地域では、豆が自然のトレリスに蔓を絡ませながらすくすくと成長した。

米とささげをひとつの皿によそう料理は、困難の時代にパワーの源の象徴となった。とくに奴隷として最初に新大陸に運ばれていったセネガンビア地方［アフリカ西部、セネガル川とガンビア川の流域］の人々は、この料理をよく食べていた。当初はティエボニーべと呼ばれ、肉は入っていなかったが、のちにアメリカ風にアレンジされてホッピンジョン［黒目豆とベーコンの炊き込み料理］になった。元日に食べるとその一年が幸運に恵まれると信じられている。セネガンビアの人々は自分たちの料理に創意工夫を凝らし、独自の文化を確立するなどしてあらたな共同体に影響を与えた。[4]

メキシコでは、どの家庭でも三食かならず豆が登場するほど、豆が生活に浸透している。ほかの地域ならば米と一緒に食べる料理でも、メキシコ人は断固として豆を使う。豆だけを煮込むこともあれば（フリホーレス・デ・ラ・オジャ）、タコスの具にしてトルティーヤにはさんだり、スープの具にしたりする。

メキシコでおそらくいちばん有名な豆料理、フリホーレス・レフリートス（「温め直した豆」という意味）は、食べものをできるだけ日持ちさせようという先住民の知恵から生まれた料理だ。メキシコの代表的なスイーツ、パン・ドゥルセ、コンチャ、エンパナーダなどには、砂糖で味付けしたふんわりなめらかな豆のペーストが入っている。

イタリア人の「豆愛」はいまも健在だ。トスカーナの人々の食の中心にはつねにいんげん

自家製のフリホーレス・レフリートス。ポテトチップスとライムを添えて。

豆とレンズ豆、とくにファジョーリと呼ばれる白いんげん豆がある（ファジョーリ fagioli はイタリア語でいんげん豆全般を指す言葉でもある）。

食の人類学者、キャロル・クーニハンは、フィレンツェの人々の食習慣を詳細に記した著書『トスカーナの食卓を囲んで *Around the Tuscan Table*』のなかで、トスカーナの名物料理、ファジョーリ・アル・ウッチェレット［白いんげん豆のトマトソース煮込み］、ファリナータ［ひよこ豆の粉のパンケーキ］、ズッパ・ロンバルダ［豆のスープ］、パスタ・エ・ファジョーリ、各種ミネストラ［スープ］を取り上げて、これらの料理のなかで豆がひときわ大きな存在感を放っていることを指摘している。

トスカーナの人たちは、誰の目にもあきらかな豆愛のゆえに「豆を食べる人たち mangia-fagioli」と呼ばれる。彼らの熱い思いは、「豆万歳」といういささか不謹慎な歌にも反映されている。[5]

豆、万歳
神聖なるフィレンツェに
自然が与えたもうたハートの形
人間の運命が宿る臓器と見まごうばかり

トスカーナの丘で育まれた甘美なオイルに包まれ
豊潤なキャンティと甘い果実の洗礼を浴びる
ともに食卓を囲むわれらが兄弟
古代より続く賛歌をともに歌わん、豆、万歳！

アメリカでもっとも歴史ある街のひとつ、ボストンは、まったくの偶然から「豆の街」と呼ばれるようになった。英国植民地時代、ニューイングランド地方の人々は、毎日いんげん豆のシチューと黒パンを食べていた。プリマスの入植者たちは栄養価の高い黒パンを食べていたが、先住民たちが豆を煮込むときにカエデの蜜を入れているのを見て、自分たちの料理も甘く味付けするようになった。やがて人々はカエデではなくサトウキビの蜜を入れるようになったが、豆を煮込む鍋（ビーンポット）は使い続けた。それが17世紀初頭のことで、18世紀初頭にこの料理は現在の「ボストン・ベイクド・ビーンズ」になった。しかし、当時はまだボストン文化を代表するものではなかった。

ボストンが「豆の街」として地図に記されるようになったきっかけは、１９０７年の「オールド・ホーム・ウィーク［ニューイングランド地方の収穫祭］」を盛り上げるために行なわれた宣伝活動だった。当時は目新しかったステッカーが全米各地に貼り出され、そこには豆の鍋の上で握手するふたつの手のイラストと、「マサチューセッツに帰ろう」という標語が書かれていた。「ボストン・グローブ」紙にも関連記事が掲載された。そして全米各地に「ボストン」を知らずに豆を知ることにはならず。大きく、立派で、活気あふれる街、ボストン」という文字にもやしのイラスト、または「ボストンと近郊のおみやげ、おひとついかが？」という文字に豆の鍋のイラストが刷られた絵葉書が送られた。[6]

１９３０年代にはフェラーラ・パン・キャンディ・カンパニーという会社が、ピーナッツをコーティングしたボストン・ベイクド・ビーンズという真っ赤なキャンディを売り出した。

◉豆は栄養の宝庫

豆は栄養の宝庫である。あらゆる栄養素を備えていると言っても過言ではない。食事の中心がたんぱく質と炭水化物という地域では、豆は身近で手頃な食材として、よりバランスの取れた食生活の源になっている。

米やパスタに似た使われ方をするため、でんぷん食品に間違われることが多いが、豆は野菜である［植物分類学上、豆とはマメ科に属する穀類と定義されるが、実際には、未成熟状態で食べる場合（野菜）、成熟して乾燥させた状態で食べる場合（穀物）などの使い分けをするのが日本では一般的］。

たんぱく質、食物繊維（とくに不溶性繊維）、複合炭水化物、微量栄養素［微量でも生物の生体機能の維持に必要不可欠な栄養素］（ビタミンBやカルシウムなど）を豊富に含む豆は、すべての人にとって、とくに糖尿病や心疾患を患っている人に有益な食べものだ。

豆は体内におだやかに吸収されるため、血糖値をコントロールする必要のある人にはありがたい食べものだ。また、豆に含まれる食物繊維は高血圧や循環器系疾患の予防に役立つ。

◉ガス問題

しかし、「豆、豆、豆は魔法の食べもの」という歌にもあるように、豆を食べて健康になりたいという人間の願望はしばしば、豆を食べた結果生じるある現象——腸にたまるガス——へのおそれに圧倒されてしまうものらしい。

豆を食べたあと、人前でおならが出てしまったらどうしよう——イタリアルネサンス期の著述家プラティナ［1421～81年。バチカン図書館の初代館長も務めた］も、そんな人類共通の不安に言及している。プラティナは、1470年に著した『正しい食事がもたらす健

康とよろこび *De honesta voluptate*』のなかで、腸にガスがたまって「愛の衝動」が一気に抑制されるのはレンズ豆のせいだと述べている。

その約400年後には、作家ルイーザ・メイ・オールコットの親戚で医師のウィリアム・オールコット［1798～1859年。教育者でもあり多数の著作を残した］が、豆は腸のガスや胃酸過剰など体調不良の原因になると主張した。とはいえ奇妙なことに、菜食主義を勧める著書の結論部分にはそう書かれているが、オールコットは前半部分では豆をほめたたえ、当時の栄養学的根拠を列挙して豆の積極的摂取を勧めている。

少なくとも乾燥豆については、ガス恐怖症の人たちの言い分は正しい。生の豆と違い、乾燥豆には消化酵素で分解されないフラクトオリゴ糖が含まれている。腸に届いたオリゴ糖は、腸の中で善玉菌の栄養源になり、食べものの分解と消化を助け、その醱酵過程で水素とメタンガスが生成される。こうしておならがプッと飛び出す、というわけだ。

消化にまつわる厄介事に悩まされることなく豆を食べたい人たちに代替品を提供しようとする試みが、少なくとも過去に2回行なわれてきた。

1970年代、カリフォルニア大学バークレー校の食品工学者ベニート・デ・ルーメンが、「きれいな豆（クリーン・ビーン）」を設計開発した。遺伝子組み換えされた「きれいな豆」のオリゴ糖は、生の豆のように腸内で醱酵することなく消化吸収された。だが――「きれいな豆」はまったく流行らなかった。[7]
その数年後、イギリス人研究者で、ピーズ・アンド・ビーンズ社の経営者でもあるコリン・リーキー博士［1933～2018年］が、チリで大昔に自分が発見した豆をかけあわせて「腸にガスがたまらない豆」を作った。リーキー博士は、ほかの豆よりずっと上品な豆という意味を込めて、この豆を「お澄まし豆（プリム・ビーン）」と命名し、1万6000ドル以上の高値で売り出したが、最終的に、腸にたまるガスは人間にとって正常で健康な現象だと結論した。

どうすればこの不快な現象を完全になくすことが、あるいは減らすことができるのか、豆の価値を認め、豆を調理してきた冒険者たちは、大昔からさまざまな方法を試してきた。調理する前に豆を水に浸して上澄みを捨てるか、水を完全に捨てれば、すでにその段階でたまりはじめているガスを取り除くことはできるだろうが、自然の風味やビタミンもある程度は失われてしまう。

アッシジの聖フランチェスコ［1182頃～1226年。イタリアの修道士］はこのことを踏まえて、豆を水に浸したところで無用な心配を長引かせるだけだといましめている。乾燥豆を水に浸さずすぐに調理するときは、調味料のほかにメキシコ産のエパソーテか日本産の昆布を入れるといい。どちらも昔から胃腸の調子を整え、消化の働きを助けると言われている食材だ。日常的に豆を食べていると免疫ができるという説もあるが、実証はされていない。ガス予防効果のある「ビーノ」などの薬を食前に飲むのもいいだろう。

◉菜食主義と豆の歴史

古くから豆類は菜食主義者のあいだで、最近はヴィーガン（完全菜食主義者）のあいだで、肉（たんぱく質）の代替品として重宝されてきた。西洋の修道院に伝わる記録によれば、厳格な菜食主義を最初に実践したのは聖ベネディクトゥス［480頃～543年頃］ということになっている。その後これはカルトゥジオ修道会［11世紀にフランスに誕生した修道会］に引き継がれた。彼らは宗教上の理由から豆を栄養源として頼った。

ペルーがピサロに征服されるまで、インカの人々の食生活は野菜が中心だった。肉となる野生動物がいたるところにあふれ、どの家庭でもテンジクネズミを飼育していたにもかかわらず、彼らの食事のたんぱく源は、いんげん豆、えんどう、アボカドなど、種々さまざまな野菜だった。同様に、インドの菜食主義者たちの食事を支えていたのは、古代から容易に栽培することができたレンズ豆だった。

「イスラム国家」［ネーション・オブ・イスラム。アメリカのアフリカ系アメリカ人による民族主義的宗教組織」が1930年代に教義を確立したとき、その柱のひとつとなったのが菜食主義であり、豆は彼らのデザートとなった。この分離主義運動は黒人たちに、自らの出自に誇りを持つことと自主独立の重要性を説き、奴隷だった過去を象徴するものをことごとく捨てるように勧めた。こうしてイスラム国家の信者たちは、これまで信じていた宗教を捨て、姓を「X」に改め、戒律が定める食生活に従った。

当時の黒人文化の多くの料理とその材料も、「奴隷の食事」を反映したものだったので退けられた。とくに「ソウルフード」［アメリカ南部で奴隷制から生まれたアフリカ系アメリカ人の伝統料理］は非難の対象となった。ソウルフードがおそろしい過去の出来事をまざまざと思い出させるというだけではない。イスラム国家の指導者たちは、脂肪と砂糖がたっぷり入った料理を食べさせることで、白人が黒人を操り支配しようとしていると考えた。こうして、白人たちがごみとして捨てた食材を活かして食べてきた奴隷の伝統的な食事は、禁じられるようになったのである。

1934年に「イスラム国家」の指導者となったイライジャ・ムハンマドが著した「生きるための食べ方」は、黒人の誇りと健康を増進させようとする「国家」の食に関する基本方針を下敷きとしている。イライジャ・ムハンマドは全粒粉食品と野菜中心の菜食を奨励し、砂糖、コラード［ケールの仲間で結球しないキャベツ］やトウモロコシなどの「ソウルフード」

の摂取を厳しく制限した。また、イスラム法に従って豚肉、酒、煙草を全面的に禁止した。豆もほぼすべて禁止されたが、白いんげん豆だけは評価されている。「アッラー（神）は言われる。小さな白いんげん豆は命の源である。この豆を食べるだけで……140歳まで生きられる。しかし、キリスト教徒の食卓に並べられたものをことごとく食べていれば、その半分も生きられない、と[8]」

◉ビーン・パイ

このように高く評価された新世界の豆の料理のなかで、とくに人気が出たのがビーン・パイだ。ふわふわのカスタード状になるまで豆をホイップして、シナモンとナツメグで風味を付けたパイは、ベーカリーでも売られるようになった。

全粒粉のパイ生地に包んで焼くビーン・パイは作り方も簡単で、あらたなライフスタイルを受け入れた人々に人気のデザートとなった。たとえば彼らの食事は、スモークターキー、豆腐、玄米、野菜、ナッツが入った甘いお菓子であり、締めくくりはビーン・パイだった。

ビーン・パイはレストランのメニューに付け加えられ、街角のベーカリーの定番商品にもなった。新参のイスラム教徒だけでなく、全米のアフリカ系アメリカ人社会でも大人気となり、伝統的なサツマイモのパイに取って代わった。

アメリカのイスラム教徒の歴史を研究するザヒール・アリはこの交代劇を、押し付けられた奴隷名からの改名になぞらえた。こうして黒人を奴隷制度につなぎとめていたくびきがまたひとつ外された。

◉ダイエット法と豆

1960年代、ベトナム戦争の最中、「サステナビリティ（持続可能性）」という言葉がまだ誰にも注目されていなかった頃、数多くの公民権運動の一環として反体制文化料理《カウンターカルチャー》が生まれた。政治的連帯の一環として、ベビーブーム世代は団結して抗議活動を行ない、自分たちの食べものがどこから来たかを市民が知る権利を、また企業に対しては、説明責任を負い、責任の所在をあきらかにすることを要求した。こうした運動が一因となって菜食主義運動が復活し、今日私たちが知る菜食主義の土台が築かれた。

カウンターカルチャー料理の出現以降、健康的な食生活が人々の最大の関心事となった。ある特定の食品を食べない「除去食」ダイエットが流行し、世代から世代へと受け継がれていった。たいていはあらたな名称の下にやり方をほんの少し変えるだけ、あるいは何を食べ

ニュージャージー州ブリッジトン、シーブルック農場の豆畑。1942年。

るのが望ましいか（あるいは何を食べてはいけないか）が違うだけだったが、豆はいつも食べてはいけない食品リストの筆頭に挙げられていたようだ。

1992年、アトキンスダイエット〔炭水化物の摂取量を抑えてたんぱく質と脂肪の摂取量を増やすことを提唱したダイエット法〕が再流行し、『アトキンス博士の新ダイエット革命 *Dr. Atkins' New Diet Revolution*』が「ニューヨークタイムズ」紙のベストセラー・リストに5年連続でランクインした。2003年、サウスビーチダイエット〔体によい炭水化物と脂肪だけを3段階に分けて摂るダイエット法〕がアトキンスダイエットの座を脅かす。ただしどちらも赤身肉のたんぱく質を重視し、炭水化物を制限する点は同じだった。

2009年から流行したホール30（Whole 30）は、穀物、豆類、乳製品、焼いた食品を除いた「本物の食べもの」を食べるという8つの提案に基づき、まる1か月で減量するダイエット方法。2013年初頭に登場したパレオダイエットは、初期人類のように肉や木の実や野菜をもっと食べることを推奨した。

どのダイエット法でも、でんぷん質を含む豆は勧められていない。豆にはフィチン酸塩があるため食べないほうがいいとするものまである（フィチン酸塩は抗酸化物質として働く植物の自然防御機能で、人体に入ると酵素の作用を妨害することがわかっている。ほとんどの酵素はたんぱく質でできている）。そのほかにも多数の豆抜きダイエットがテレビや減量センターで宣伝、販売されている。

とはいえ、豆を抜く食事は現代にはじまったことではない。紀元前6世紀に菜食主義を実践したピタゴラスは豆を食べなかった。哲人は生まれ持った叡智《えいち》にしたがって、まったく現実的な理由から豆を食べなかったのだろうか。

実際には(あるいはもっと正確には俗説によると)、ピタゴラスは少々人間離れした力により、豆畑でわが身に降りかかる災厄を察知して豆を避けていたといわれる。そしてピタゴラスの熱心な信奉者たちは、偉大な数学者が豆のせいで死んだと考えて豆を食べなかった。当時ギリシアでは、何事かを決定するときは異なる色の豆を使って投票していたので、彼らは投票にも参加しなかったらしい。

生のそら豆が原因で発症することが近年あきらかになった病気があるが、奇妙なことに、はじめて症例が発見されたのは、ピタゴラス教団の本拠地があった現在のイタリア南部である。そら豆中毒というめずらしい遺伝病の患者の多くは地中海沿岸部出身者であり、赤血球中のグルコース6リン酸脱水素酵素が欠乏している。男性が発症する場合が多く、生のそら豆を食べたり、そら豆の花の花粉を吸いこんだりすると、赤血球が直接攻撃されて脱力感や倦怠感に襲われる。死にいたるケースもある。

◉すぐれた栄養

考え方の変遷はあれど、豆が単独でも栄養の宝庫である事実に変わりはない。ただし米――とくにほとんど精米していない米――と一緒に食べれば、豆はさらに途方もない力を発揮する。たんぱく質は多数のアミノ酸が結合してできている成分だが、構成するアミノ酸の種類や量によって栄養価は異なってくる。米にはリジンという必須アミノ酸が不足しているが、豆には多く含まれている。一方、豆に不足しているメチオニンという必須アミノ酸が、米には多く含まれている。つまり、豆と米を組み合わせると、たんぱく質の栄養価がよりいっそう高まるのだ。

1980年代に人類学者のシドニー・ミンツ博士が提唱した理論によれば、世界中のほぼすべての人が、博士が「核《コア》・周辺《フリンジ》・豆」と名づけたパターンに従った食生活を営んでいるのだそうだ。博士の考えたパターンの核《コア》とは、炭水化物（ジャガイモ、ヤムイモ、キャッサバ、穀物、パスタなどの市販製品）、周辺《フリンジ》は、核を強化するもの（補足的な動物性たんぱく質、ニンニク、チーズ、サラダなど核をよりおいしく味わうためのもの）、そして豆類だ。ミンツ博士によれば、世界中のありとあらゆる文化の毎日の食事にほぼ例外なく豆が登場するという。[9]

彼の研究は、アンドリュー・リチャーズのベンバ族（南バンツー族の一派で、とろみのある粟《あわ》のお粥、野菜、肉、魚の付け合わせを常食としていた）に関する先行研究を土台にしたもので、さらに、人類の大半がこの3つの要素のうちどれをより多く食べているかを検証しようとしていた。

◉ヴィーガンと豆

完全菜食主義《ヴィーガニズム》とは、菜食主義の倫理的・環境的価値観をさらに先鋭化させた食の実践方法だ。１９４４年にイギリスで正式に発足したヴィーガン協会の創設者ドナルド・ワトソンは動物愛護活動家であり、「ヴィーガニズム」とは「乳製品を口にしない菜食主義」であると定義した。

発足当時、彼の賛同者はわずか25人だった。１９５１年、この集団は制限を強化して、あらゆる動物性食品の摂取を禁止した。さらに、ヴィーガンとは生活のあらゆる局面において動物を搾取しない生き方を選択する人のことであるという生活指針を打ち立てた。

人はさまざまな理由で菜食主義者になると思われる。人道主義的見地から、健康に良い

日本の豆の絵。蔓、葉、莢が描かれている。1878年頃。

から、あるいはたんに野菜が好きだからという理由で。それは個人的な感情の問題であるゆえ、それぞれの感じ方によって実践の内容にずれが生じる。しかしながら、完全菜食主義は、自分自身の目的のために生きものを搾取する権利は人間にはないという行動規範に則ったものである。各個人によって変化が生じる余地は存在しない。[10]

ワトソンが亡くなった2005年、ヴィーガン協会によれば、イギリスには25万人、アメリカには200万人を超える自称ヴィーガンがいた。[11]このような行動原理を宣言したのはヴィーガン協会がはじめてではないが、ヴィーガンの食のスタイルが引き金となって、食品化学の領域にあらたな革命が起きた。その材料になったのが、万人に愛されているひよこ豆という豆だった。

乳製品、肉、卵の代替品が普及するまで、ワトソンの仕事は、ロンドンの医師、ウィリアム・ラム博士［1765〜1847年］と彼の代役を務めたパーシー・ビッシュ・シェリー［1792〜1822年。イギリスのロマン派詩人］のスタイルを踏襲するにとどまっていた。ラムとシェリーはもっぱら植物のみを食べ、『水と野菜の食事 *Water and Vegetable Diet*』などの著作を著し、初期の完全菜食主義者の食事法を「ピタゴラスダイエット」と命名した。

当時から、過剰加工食品が幅を利かせる大衆市場で手に入る、良質のヴィーガン向け食品は選択肢が限られていて、大豆製品で作られたモックミート（疑似肉）くらいしかなかった。しかし、完全菜食主義に対する理解が高まるにつれ、革新の気概に満ちた人々が持続可能な代替品を見つけようとするようになり、ついにある攪拌《かくはん》器具に注目するにいたった。

２０１４年、焼き菓子好きなヴィーガンたちが大よろこびするニュースが発表された。豆の缶詰に入っている汁を泡立て器でかきまぜるだけで、卵白の代替品――アクアファバと命名された――が簡単に手作りできることがわかったのだ。[12]

ジョエル・レセルというヴィーガンの歌手が豆の缶詰の煮汁が泡立つことに気づき、何度か試してみたのちに、その発見を料理ブログに匿名で投稿した。レセルは自分の発見を公表したあとで、アクアファバが、メレンゲや、パリ風マカロンにはさむふんわりしたクリーム、ラモス・ジン・フィズのような泡たっぷりのカクテルなど、泡立てた卵白を使うどんな料理にも応用できることを実演してみせた。

アクアファバにはひよこ豆の煮汁が最適と言われているが、ほかの豆の煮汁、たとえば、乾燥豆をゆでたあとに残る風味豊かな「ポット・リカー」などを使った実験も続けられている。世界各地の著名なシェフやバーテンダーが、自分の店の厨房やバーで、独創的な素材として、またヴィーガンの客に提供できる新メニューとして、アクアファバを使いはじめている。アクアファバは、サー・ケンジントン社製マヨネーズ代替品の原材料にもなった。

サー・ケンジントン社のファバネーズ・シリーズは、ひよこ豆のアクアファバを原料としている。

２０１８年初頭には５３５人の有志が乳製品を使わないバターの代替品「ファババター」を製品化するためにクラウドファンディングを行ない、わずか40日で２万５０００ドルを超える金額が集まった。

第4章◉豆にまつわる伝承と文学

昔から豆は文化の発展と深く結びついてきた。そのため豆がそれぞれの地域を代表する文化のなかで重要な役まわりを演じているとしてもなんの不思議もない。たとえば、親から子へと代々語り継がれてきた物語、執り行なわれてきた儀式、歌い継がれてきた歌、古い絵画のなかに豆が登場することがある。

古代の思想家のなかには豆を積極的に拒絶した者もいた。すでに述べたように、ピタゴラスは近い将来自分が豆畑で襲われることを察知したのか、いささか理不尽にも豆を食べることを禁じたが、それとは別に、腸にたまるガスは明晰な思考の妨げになると主張していた。

アリストテレス〔紀元前384～322年。古代ギリシアの哲学者〕もその意見に同意し、豆の根の洞《うろ》は黄泉の門に続く階段だと述べている。彼もまた豆畑を避け、日向に放置された食べかけの豆が腐ると、殺された人間の精液か血液のような匂いがするなどと言った。

アリストテレスの言っていることは学問的には間違っている。豆の根に広い範囲にわたって見られるのは洞《うろ》でなく瘤《こぶ》だ。とはいえ豆が私たち人間の魂の輪廻転生を反映しているという考え方に合理性がないとは言い切れない。

ギリシア語およびゲルマン諸語の豆の語源は「膨らむこと」を意味している。豆の歴史家ケン・アルバーラが指摘するように、これはピタゴラスの言う「腸のガス」を指しているのかもしれないが、豆の莢《さや》が膨らんでいくようすのことかもしれない。豆の莢が膨らむ様《さま》は、妊娠した女性のお腹が大きくなっていく姿に非常によく似ている。そのため豆は再生と豊穣に関連付けられるようになったのだろう。[1]

◉伝承と寓話のなかの豆

ご存じのとおり、民間伝承や寓話には、人間が社会性を身に着けるうえでの必要な知恵や知識が詰まっている。これらの物語は、小さい子でも簡単に理解できる手軽な楽しい話という形式を借りることで、親から子へと継承されてきた。古代から読み継がれてきた有名なイソップ［紀元前620～560年頃］童話は、現代でも大きな影響力を持っている。

現代の子供たちも、「田舎のネズミと町のネズミ」という物語を通じて、豆はあか抜けない田舎料理特有の素材という階級的偏見に満ちた意見にはじめてふれる。物語を簡単に紹介しよう。

町のネズミが田舎に住むいとこを訪れる。町のネズミは、田舎ネズミが用意したベーコンと豆の料理をばかにして、まともな料理を食べさせてやろうと純朴ないとこを町に引きずっていく。ところが、町に到着した二匹がごちそうにありつこうとするたびにおそろしい災厄が襲いかかる。命からがら巣穴に逃げこんだ田舎ネズミは、腹を立てている町ネズミに教訓を残して去る。「安らかな気持ちで食べるベーコンと豆は、びくびくしながら食べるお菓子とビールよりうまい」。

デンマークの作家、ハンス・クリスチャン・アンデルセン［1805～75年］が紡いだ豆の物語も、200年近くにわたって世界中の子供たちに読み継がれている。「エンドウ豆の上に寝たお姫様」では、お姫様が寝るために何十枚も積み重ねられた布団の下に、たった一粒のえんどうが隠されている。アンデルセンはこの物語を通じて、どんな小さなことにも繊細な感受性を向けることの大切さを説いている。

一方、おそらく世界でもっとも有名な、豆が出てくる民間伝承に道徳的教訓はほとんど含まれていない。イギリスのおとぎ話、「ジャックと豆の木」の年若い主人公は、道徳的には

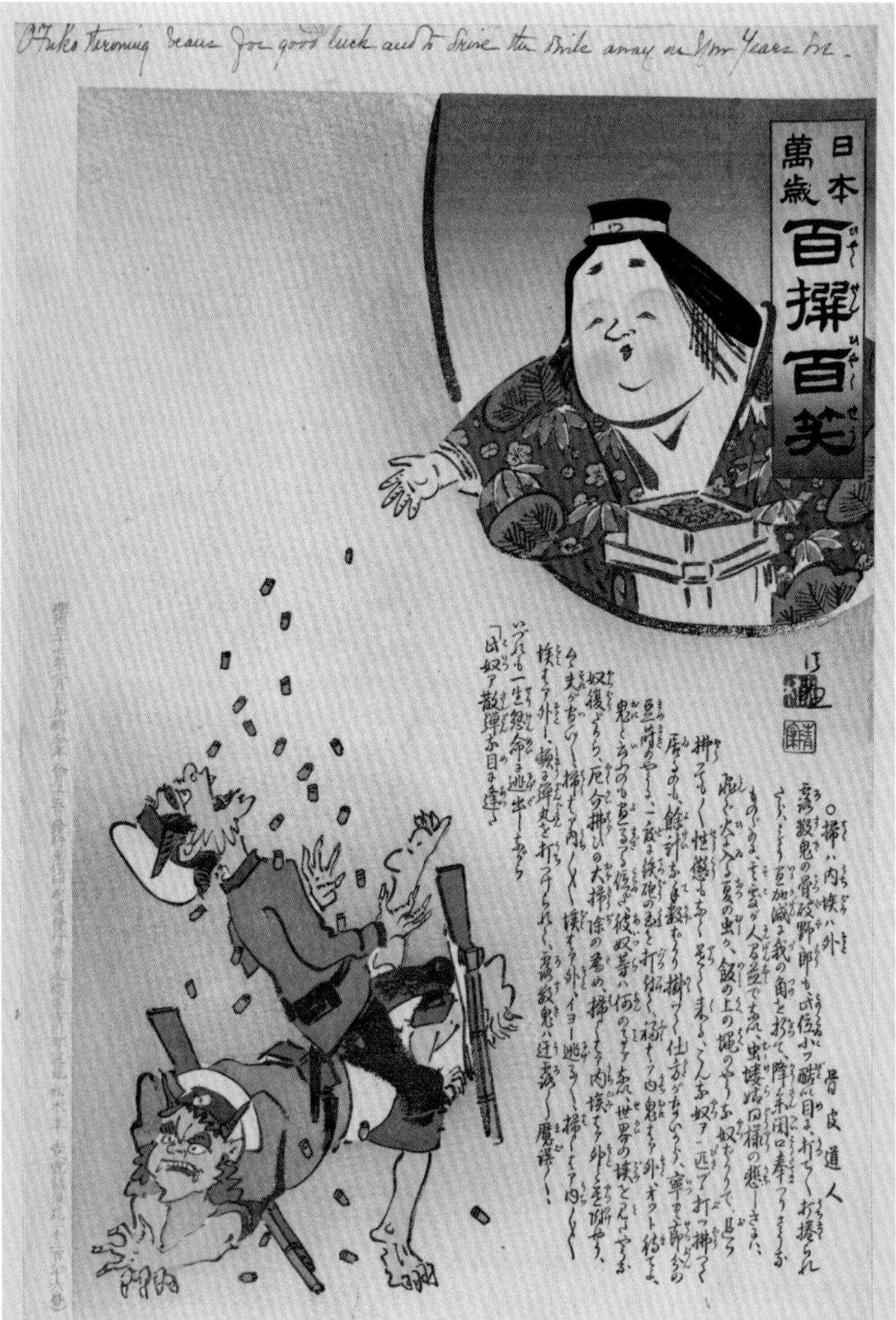

日本の漫画。女性が兵士たちの武運を願い豆を投げている。1904～05年。

節分の豆まき。家族が豆を食べているところに男性が豆を投げ入れようとしている。18世紀の木版画。

ホッピンジョンの材料になるブラック・アイド・ピーズ

首をかしげたくなる判断を繰り返すうちに魔法の豆を手に入れる。夢のような冒険の旅に出かけた主人公は、豆の木を登って社会的にも経済的にも出世する。[2]

豆は民間伝承だけでなく、さまざまな民族の伝統文化にも浸透している。日本には何世紀も続く「豆まき」という儀式がある。日本人は毎年、春がはじまる前日の節分の日に豆をまいて邪気を払う。世界中のカトリック教徒（とくにシチリア島が有名だ）は聖ヨセフの日を祝うために乾燥そら豆を持ち寄り、悲惨な旱魃《かんばつ》から自分たちを救ってくれた栄養豊富なこの作物に感謝の意を示す。同様に、アメリカ南部には、今後も繁栄が続くことを祈願し、新年にブラック・アイド・ピーズ（黒目豆）の料理を食べる伝統がある。

◉大衆文化と豆

豆は、歴史的伝統のなかに保存されるだけでなく、近年の大衆文化のなかにも居場所を見つけている。たとえば、現代の慣用句にも豆が登場する。ボストンでは、無知な人のことを「豆を知らないやつ doesn't know beans」と言う。秘密をうっかり洩らすことは「豆をこぼす spill the beans」、「豆がいっぱい full of beans」は活力に満ちあふれている人、もしくは箸にも棒にもかからない人を指す言葉。会計士や役人は「豆の数ばかり数えている人（数字の計算

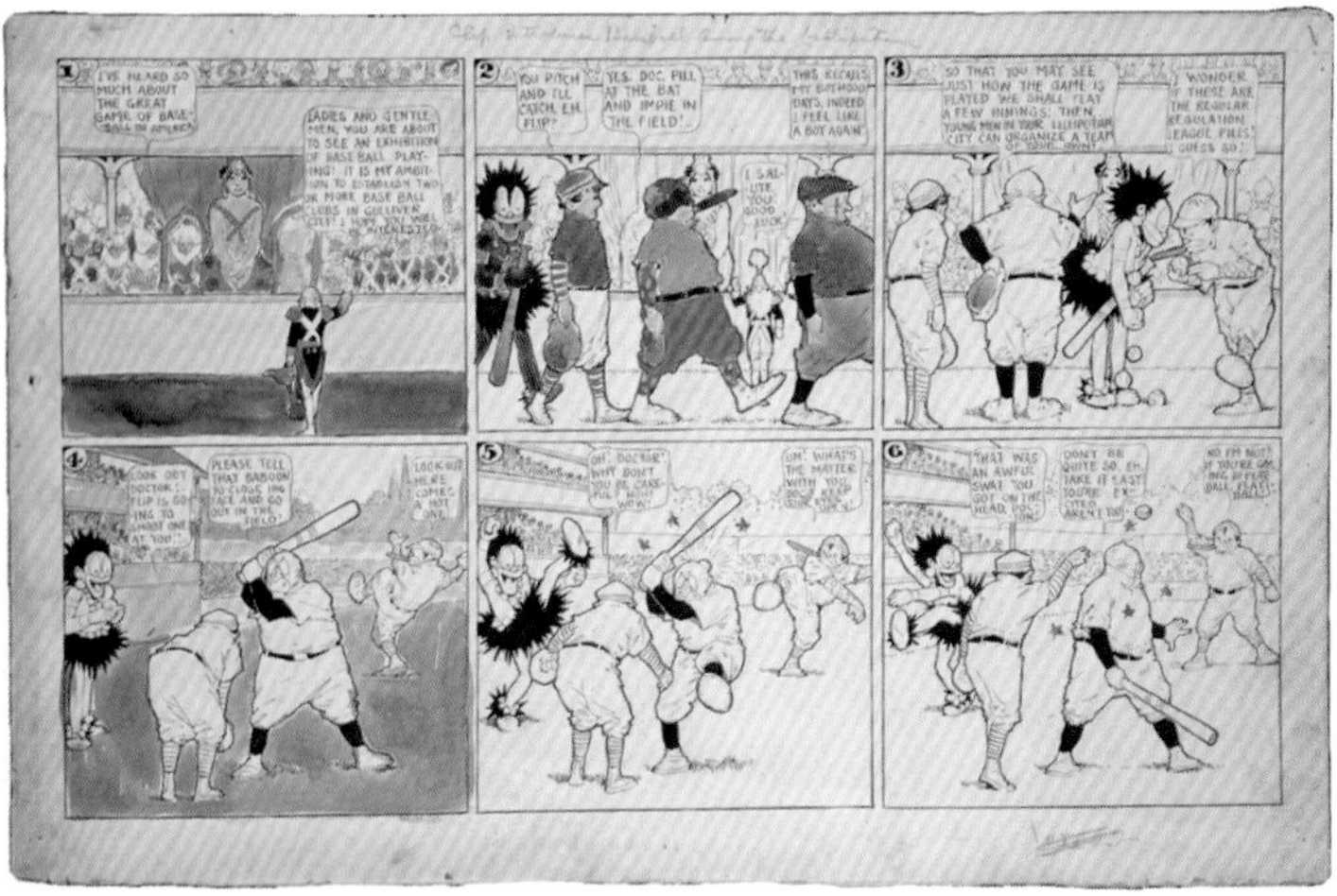

1913年に描かれた水彩漫画。ネモ、フリップ、インピー、ドクが、リリパットたちのために野球をしている。ドクが頭にボールを「ビーン」されて、けんかがはじまる。

ばかりしている人）bean counters」として解雇されるかもしれない。物を投げて誰かに当たったら「ビーンした（ぶつけた）'beaned'」、野球で投手が打者の頭を狙って投げる球は「ビーン・ボール bean ball」。一時期、「カッコいい」という意味の「クール・ビーンズ cool beans」という表現が流行ったこともあった。

豆はさらに、銀幕のスターとともにその地位を不動のものとした。映画「カサブランカ」（1942）の心に残る名場面では、アメリカの伝説的名優ハンフリー・ボガート［1899～1957年］扮するリック・ブレインが、自分の仲間の問題など「このいかれた世界の豆の山にもならない don't add up to a hill of beans in this crazy world」と言っている。「羊たちの沈黙」（1991）では、名優アンソニー・ホプキンスが迫真の演技力で魅せたハンニバル・レクターが、殺害した相手の臓器をそら豆とワインと一緒に食べたなどと、背筋の寒くなる名台詞を残している。

豆は、戦後の大衆音楽にもたびたび登場している。ディーン・マーティン［1917～95年。アメリカの俳優、歌手］は、不朽の名曲「ザッツ・アモーレ」のなかで、「豆のパスタ pasta fazool」（イタリア料理の定番「パスタ・エ・ファジョーリ」をイギリス風にアレンジした料理）についてロマンチックに歌い上げた。

ブリティッシュ・ロックの先駆け、ザ・フーのアルバム『ザ・フー・セル・アウト』には

「ハインツ・ベイクド・ビーンズ」というご機嫌な楽曲がおさめられている。しかもこのアルバムのジャケット写真を飾っているのは、豆が詰まったバスタブにつかり、ハインツ・ベイクド・ビーンズの巨大な缶詰を抱えているリード・ヴォーカリストのロジャー・ダルトリー［1944〜］だ。同じくザ・フーのロックオペラ『トミー』（映画）では、ダルトリーに代わりアン・マーグレット［1941〜。女優、歌手］が、壊れたテレビから飛び出してくる豆や広告商品のなかで身悶えている。

カントリーミュージック界の伝説、ジョニー・キャッシュ［1932〜2003年］は、「朝食に豆を」という曲で、年老いた男が豆を引き合いにして過去を懐かしむ心情を切々と歌っている。グランジロック最高峰のバンド、ニルヴァーナの「ビーンズ」は一風変わった遊び心あふれる小品だ。

あのビートルズも、豆からは逃れられなかった。「素敵な四人組《ファブフォー》」は、初期のアメリカ公演で、熱狂的な聴衆から幾度となくゼリービーンズを浴びせられ、テレビに出演してこの洗礼の一時猶予を願い出なければならなかった。

◉文学と豆

20世紀アメリカ文学で、豆は貧しい人たちの生活を支える食べものという自らのアイデンティティをふたたび主張した。

豆はジョン・スタインベック［1902～68年。アメリカの小説家。貧農の生活を共感を込めて描いた。代表作に『怒りの葡萄』など］の作品にたびたび登場する。スタインベックの登場人物たちは、多くの場合、富を求めるためではなく生き延びるために放浪の旅をする。そんな彼らの腹を満たしてくれるのはきまってつつましい豆だ。スタインベックは、『トーティヤ台地』（1935）という作品で豆の重要性をストレートに訴える。「豆はあなたの腹を風雨から守る屋根であり、経済の寒さを防ぐ温かな外套である」と。

その数十年後、物質主義を否定して放浪生活を送ったビート・ジェネレーション［1950年代、アメリカを中心に現れた既存の社会体制を否定する若者たち。文学運動に発展した］もまた、この素朴でありふれた食材を日々の糧とした。ジャック・ケルアックの『路上』［福田実訳／河出文庫］や『ザ・ダルマ・バムズ』［中井義幸訳／講談社学芸文庫］に登場する放浪者たちは、缶詰のポーク＆ビーンズを食べながら旅を続け、簡素な食事にロマンを見出した。

アンニーバレ・カラッチ「豆を食べる人」、1580〜90年。カンバス、油彩画。

◉視覚芸術と豆

ぱっとしない外見のためか、豆が視覚芸術の分野で主役の座を射止めたことはない。とはいえ、豆が美術作品のなかにまったく登場しないわけでもない。

イタリアバロック期の画家、アンニーバレ・カラッチ［1560～1609年］。壮麗なバロック装飾画の形成に貢献した」は、16世紀後半に「豆を食べる人」という2枚の秀作を残した。描かれているのは、スプーンに山盛りの豆――きっとトスカーナ産の白いんげん豆だろう――を口に運ぶ男性。よれよれの帽子と粗末な服から、小作人の夕食の場面と察しがつく。

アメリカのポップアートを代表する画家、アンディ・ウォーホル［1928～87年］は、「キャンベルのスープ缶」という連作のために32種類の缶詰を選んだが、そのなかに3種類のいんげん豆と2種類のえんどうの缶詰が入っている。スペインのシュールレアリスムの画家、サルバドール・ダリ［1904～88年］は、「ゆでたいんげん豆のあるやわらかい構造（内乱の予感）」（1936）という作品のなかで、引き裂かれたグロテスクな人体の下に数粒の豆をばらまいた。

21世紀に入ってからシカゴのミレニアム・パークに設置された、イギリス在住の芸術家、アニッシュ・カプーア［1954～。インド、ムンバイ出身の現代彫刻家」のステンレス製彫

シカゴのミレニアム・パークに展示されている「雲の門」

刻は、日光を反射する巨大な豆を連想させることから「ザ・ビーン（豆）」の愛称で親しまれている（正式な名称は「雲の門」）。２０１８年にカプーアがこの作品を縦にしたものをヒューストンに設置すると、どちらの都市がこの作品によりふさわしいかをめぐってインターネット上で激しい論争が起きた。

◉豆と都市文化

豆との親密な関係が発展して、豆が娯楽の一部になり、街の代名詞のようになってしまったところもある。

「豆の街《ビーンタウン》」と呼ばれるボストンには、19世紀末から20世紀初頭にかけて、「ボストン・ビーンイーターズ」という名前で活動していたメジャーリーグ最古の野球チームがあった。とはいえこの名前は定着せず、その後チームは球団名と本拠地を幾度も変えて、最終的にアトランタに落ち着いた［現在のアトランタ・ブレーブス］。

ルイジアナ州ニューオーリンズは、輝かしい料理の伝統と、同じく輝かしい音楽の伝統の両方を生み出した街だが、このふたつは互いに密接に関係していることが多い。レッドビーンズ＆ライスは、料理においても音楽においても特別な存在だ。偉大なブルースピアノ奏者、プロフェッサー・ロングヘア［１９１８〜80年］は、マディ・ウォーターズ［１９１３〜83年。アメリカのブルース・シンガー、ギタリスト］が作曲した「レッドビーンズ」に捧げるオードをアップビートに編曲して発表した。

伝説のトランペット奏者、ルイ・アームストロング［１９０１〜71年］は、レッドビーンズとライスの組み合わせをこよなく愛していたため、手紙の末尾に「真心を込めて」と書くべきところ、「レッドビーンズ＆ライスを込めて」と書いていた。ニューオーリンズを現在代表するトランペット奏者、カーミット・ラフィンズ［１９６４〜］はさらに豆好きが高じて、毎週開催するライブを訪れる客たちに手作りのレッドビーンズ＆ライスをふるまっている。

ニューオーリンズでは「レッド・ビーンズ・パレード」という団体が、なんと「ビーン・マッドネス（豆ぐるい）」というイベントまではじめた。これは毎年３月の大学バスケットボール選手権大会と並行して行なわれる慈善競技会で、街一番のレッドビーンズ＆ライスの作り手を決定するイベントだ。対戦カードにはレストランも組み込まれ、「スイート・６・ビーン」や「ファイナル・フォーク」などのお題ごとに公開の場で対決して優勝者を決定する。

ライスにのったレッド・キドニー・ビーンズ

◉豆にちなんださまざまな商品

豆は現代人の生活にすっかり溶け込んでいる。そのため、いまでは家庭にある豆と関係ないものにまで「豆《ビーン》」にちなんだ名前が付けられている。「メキシコトビマメ frijoles saltarines」は、小さな幼虫が寄生した植物の種子で（本物の種子だがマメ科植物ではない）、種子が飛び跳ねたりむずむず動いたりするようすを子供が見て楽しむ玩具［日本では植物防疫法によって国内への持ち込みは禁止されている］。

椅子やソファの代わりになる、値段も手頃で気軽に使えるビーズクッションは、ビーンバッグとも呼ばれている。ビーニーベイビーズは小さなビーズが詰まった可愛い動物のぬいぐるみで、数十年に一度の大ヒット商品となった。ブームが過ぎ去ったいまも根強い人気がある。そしてもちろん、ビートルズに「浴びせる《ビーニング》」ばかりが能じゃない。ゼリービーンズは豆の形のゼリーに砂糖をコーティングしたお菓子で、アメリカで人気のキャンディのひとつ。通常売られているものは味も色も画一的だが、ジェリーベリー社のようなゼリービーンズ専門店には多種多様なフレーバーがそろっている。ちょっと風変わりな味や、わざと変な味にしたゼリービーンズなど、ここまで来ると芸術的と言えなくもない。

ゼリービーンズは、19世紀にドラジェ［糖衣菓子］とロクム［砂糖、でんぷん、ナッツから作られるトルコのお菓子］にヒントを得て作られたと考えられている。

第5章◉豆の料理

文化がなければ、料理は生まれなかった。料理がなければ、私たちがおいしい食事を味わうこともなかった。鍋で煮込んだり、油で揚げたり、発芽した苗をそのまま食べたり、豆はいつの時代にも万能の食材だった。

◉新世界の豆料理

インカ時代の遺跡で発見されたヌニャ・ビーンは、いまもエクアドルからペルー一帯で日常的に食べられている料理のなかにひょっこり顔を出すことがある。品種は30種類以上におよび、あざやかな赤、黄、斑紋入りのものまで、さまざまな色のものがある。フライパンに

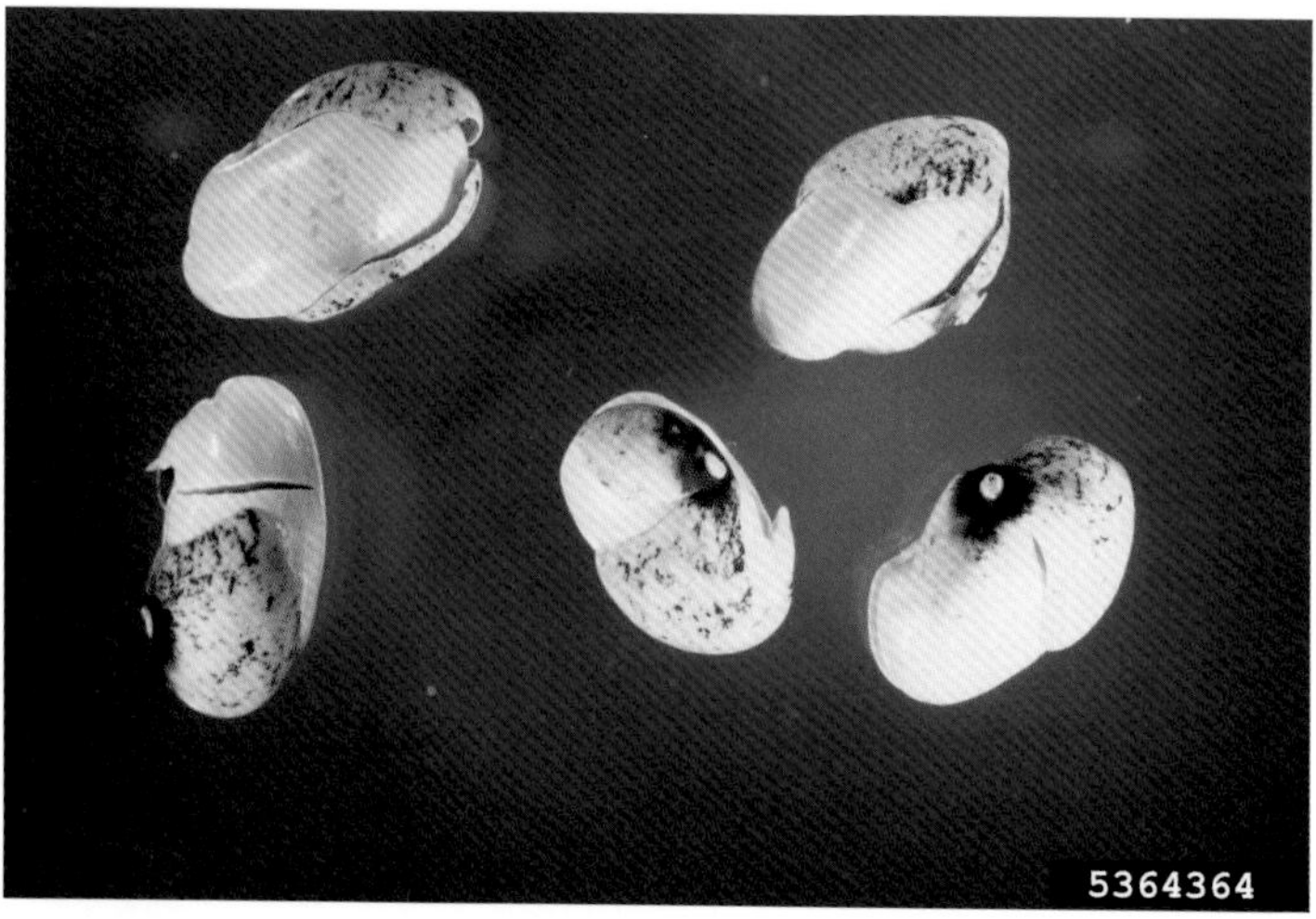

ヌニャ・ビーンがはじけたところ

ブラジルの国民的料理、フェジョアーダ

油を引いて炒めれば、破裂して中身が飛び出し、サクサクした口あたりの良いおやつになる。見た目はポップコーンのようだが、味はロースト・ピーナッツに近い。

豆がベースになったふたつのブラジル料理はアフリカと縁の深い料理だ。

ブラジルの国民的料理であるフェジョアーダは、ブラック・ビーン（黒いんげん豆）と、豚の耳、足、尻尾、牛の舌などの安価な肉を、スパイスをたっぷり効かせて煮込んだ黒い濃厚なシチュー。16世紀、ポルトガル人植民者たちによってアフリカからブラジルに連れてこられた奴隷たちが主人のために考案したスタミナ料理で、当時から祝いの席で食べるものだった。

現在では塩気の強い豚の燻製肉か牛肉の切り身を使うのが一般的だ。ライス、ファロファ（あぶったキャッサバ粉）、そしてバチーダ（ブラジルの伝統的なカクテル。ラム酒に似たブラジルの蒸溜酒にレモンジュースと砂糖を混ぜ合わせたもの）を添えて、週末か特別な行事のときに食卓に並べられる。[1]

ブラジル北東部バイーア州の屋台でスナックとして売られているアカラジェは、豆から作られる小さなフリッターだ。だが、その物語は壮大だ。水に戻したブラック・アイド・ピーズ（黒目豆）をミキサーにかけて、干しエビの粉末やタマネギと混ぜて油で揚げ、半分にカットして、タマネギ、オクラ、エビ、そしてナッツのペーストをはさんで食べる。

ファラフェルに似ているこのフリッターは、もともとナイジェリアの食べもので、ナイジェリアではアカラと呼ばれている。アカラはヨルバ語で「火の玉」という意味だ。料理に添えるトウガラシのペーストと、デンデ（パームオイル）で揚げると炎のようなオレンジ色になることから「火の玉」という名前が付けられた。

しかしアカラジェがこれほど特別なのは、ぴりりと舌を焼く味のためばかりではない。アカラジェ作りの技術は、カンドンブレ信仰を実践する人々にとっては重要な意味を持っている（カンドンブレ信仰は19世紀初頭の奴隷貿易に端を発するアフリカ系ブラジル人の伝統で、アフリカの土着宗教を持つ人々が、カトリックに強制的に改宗させられた結果生まれた独自の宗教）。

組織的な人種差別によってアフリカとの絆が失われていくなか、彼らにとって食事を準備するときの作法がアイデンティティを守る手立てとなった。とりわけアカラジェ（アカラ）作りのレシピと技術は、親から子へと大切に受け継がれていった。いまではアカラジェ作りの技法は、その文化遺産的価値に敬意を表して、ブラジル政府に公式に保護されている。

◉醤油

醤油は、いまでは世界中どこでもあまりにもありふれた存在になっていて、醤油がいつどこで生まれたのか、ほとんど誰も疑問に思わないほどだが、紀元前160年の漢王朝の記録に醤油に関する言及が見られる。伝統的な製法のひとつが、蒸した大豆に小麦を混ぜてつぶして水を抜き、長期間かけて醗酵させるというものだった。醗酵が完了したら繁殖した菌をすべて取り除き、残った「平べったい塊」を塩水に浸す。さらに醸造して数週間後に塩水を搾って残った液体――それが醤油だった。

醤油は風味豊かな調味料で、バランスの良い、かつアクセントにもなる味わいを料理に自然に付け足すことができる。これが料理のうまみのもとになる。昔は濾してそのまま瓶詰めされていたが、最近では低温殺菌処理も行なわれている。

瓶に詰めてからさらに熟成させせたり、地域独自の仕込み方法があったりと、醤油にはほかにもさまざまな醸造方法がある。たとえば日本では、米や麦にカビを繁殖させた麴《こうじ》が使われている。また概して大豆に混ぜる小麦の割合が高いのも特徴だ。

インドネシアでは醤油はケチャップと呼ばれている。インドネシア語のケチャップ（kecap）は調理用ソース全般を指す言葉で、英語の「ケチャップ（ketchup）」と語源は同じ。一般的

朝鮮、ソウルの路上で豆を挽く男性。1901年頃。

朝鮮、インチョンの路上に豆が並べられている。1903年頃。

に利用されているのはケチャップ・マニスと呼ばれるもので「「マニス」は甘いという意味。塩辛いものはケチャップ・アシンという」、本家中国の醤油よりかなり濃厚で甘い。調味料としても、伝統料理や屋台食のディップとしても利用されている。

◉アジアの大豆醱酵食文化

大豆は、太古の昔からインドで作られてきた醱酵食品に欠かせない食材でもある。古くからこの地域に住み着いて部族国家を形成してきた人々は、2500年以上も前からさまざまな野菜や植物を醱酵させてきた。これらの醱酵食品は彼らの食生活の土台となっている。

いまもヒマラヤ山岳地帯東部（ネパール、インド、ブータンにまたがる地域）には、大豆や大豆のペーストから作られる醱酵食品がある。粘り気の強い大豆の醱酵食品ハワィジャールは、インドのマニプル州［ミャンマーと国境を接するインド北東端の州のひとつ］の農村部に住む人々の収入源であり、いろいろな食べ方がある。

チャゲンポンバはマニプルの人々にとってハレの日の料理で、ハワィジャールと野菜、ライスを混ぜた食べものだ。キネマも重要な醱酵食品のひとつで、大豆だけで作られる。この醱酵料理も、ヒマラヤ山岳地帯東部に住む女性たちの収入源になっている。カレーのようにライスと一緒に食べる。

◉小豆と緑豆

アジアの食文化でよく見かける小豆は、もっぱらお菓子の材料として利用されている。小豆はおよそ1000年前に中国から日本に伝わり、どちらの国の料理にも欠かせない素材となった。その後、韓国、インド、台湾、タイ、フィリピンにも普及した。繊細な風味に加え、小豆を入れた料理が深い赤に染まることからとりわけ重宝されている。

中国では春節（新年）など祝日用のお菓子作りに小豆が用いられる。小豆を煮て砂糖を加えた餡《あん》と呼ばれる練り物は、饅頭や餅菓子に詰めたりのせたりする。水に浸せば大豆のように豆乳になり、炒ればヌニャのようにスナックになり、焙煎すればコーヒーの代用にもなる。

緑豆（ムングマメ）は小豆と同じササゲ属で、4000年以上も前からインドで栽培されていたと考えられている。ヒンディー語でムングダール、もしくはたんにムングという。発芽したばかりの状態（もやし）で利用されることが多いが、豆そのものは、品種によって、黄色、茶色、黒、緑などさまざまな色があり、普通の料理にもお菓子にも使われる。

19世紀中頃には、アメリカでもチカソーマメと呼ばれ、農家が熱心に栽培していた。現在

伝統菓子、月餅の一般的な模様

は東南アジアが主要産地――とくに中国、タイ、日本、韓国、ベトナム――で、南アフリカでも消費者のあいだで根強い人気があるため、数十年前から商業的な栽培が試みられている（が、あまり成功していない）。緑豆はでんぷん質を豊富に含むため、多くのアジア料理で見かける透明な麵の原料になっている。今日では欧米のショッピングモールでもアジア食料品店の青果コーナーでひょろひょろしたもやしをよく見かける。

小豆のように、緑豆を煮て練った餡を詰めたお菓子が、中国の月餅《げっぺい》という伝統的なお菓子だ。中国では中秋節に月餅を食べる風習がある。これは宋代（10世紀～13世紀）にさかのぼる伝統行事で、中国では毎年9月［旧暦の8月15日］に月に供え物が捧げられる。その後中国と台湾では、緑豆か蓮の実の餡を詰めた月餅が贈り物として好まれるようになった。

表面に精巧な模様のあるこのお菓子の生地にはラードが練りこまれることが多く、黄身を満月に見立てたアヒルの塩漬け卵（鹹蛋《シエンタン》）が入っていることもある。月餅を贈る習慣はいまも続いており、企業からお得意様への、あるいは親戚どうしの贈答品として重宝されている。

おみくじが入っている日本のフォーチュン・クッキーは、月餅にヒントを得て作られるようになったと言われている［第二次世界大戦後に欧米の中華料理店で広まったフォーチュン・クッキーは、日本の北陸地方の神社が新年に配っていた辻占煎餅《つじうらせんべい》に由来するという説もある］。

行商人から豆腐を買う。1890年頃。

◉朝食の豆料理

さまざまな品種の豆が世界各国の朝食のテーブルをにぎわせている。なめらかな舌ざわりのひよこ豆はパキスタンでもイスラエルでも人気がある。パキスタンの人々が毎朝食べているハルワ・プーリーは、スパイシーなチャナマサラ［ひよこ豆のカレー］と、タヒニ［ゴマのペースト］という甘いお菓子、そして醱酵させずに油で揚げたパン（プーリー）の組みあわせ。

一方、イスラエルの伝統的な朝食は、シャクシューカ（トマトソースの上に卵を落として焼いた料理）とピタ［中が空洞になった平たく丸いパン］とフムス［ひよこ豆のペースト］のコンビだ。メキシコの典型的な朝食はブラック・ビーンを煮込んだレフリートスがなければはじまらない。ベネズエラの朝食といえば豆と白チーズをはさんだアレパ（トウモロコシの生地を薄く延ばして油で揚げたパン）。これを食べれば充実した一日のスタートを切ることができる。

◉フル・イングリッシュ・ブレックファスト

豆を使ったある国の朝食の歴史はなんと14世紀にはじまり、いまなお絶大な人気を誇る。

フル・イングリッシュ・ブレックファストを考えたのは、王族ではないが特権的社会階級と考えられていたアングロサクソンの郷紳《ジェントリ》だった。彼らの豪勢な朝食は、自分たちの領土を通りかかった友人や親族をもてなそうとする心意気の現れであり、良質の素材を使った料理をいくつも用意することがステータスシンボルとなった。

それまで朝食は、庶民の食卓には無縁の代物だった。彼らは昼食と夕食しか食べていなかったのである。子供、病人、高齢者、労働者のために朝食が用意されることはあったが、それはあくまで例外であり、短時間でたくさんの食べものをかきこむ朝食はカトリック教会からは暴飲暴食行為とみなされていた。

しかし、郷紳《ジェントリ》たちの願いが――お客にいいところを見せたい、と同時に、彼らを温かくもてなしたい――長い歳月のあいだに食事の提供のあり方を変えていった。フル・イングリッシュ・ブレックファストは上流階級のあいだで人気となり、18世紀後半の産業革命の時代にいっそう洗練された。

ビクトリア朝［1837～1901年］の人々は優美さと異国風の味付けを好んだ。彼らは郷紳《ジェントリ》たちの朝食スタイルに学びはしたが、自分たちの好みを付け加えることも忘れず、見かけの華やかさよりも中身を充実させて、この贅沢な朝食をビクトリア朝風にアップグレードした。

郷紳《ジェントリ》がお膳立てし、ビクトリア朝の人々が完成させたフル・イングリッシュ・ブレックファストは、エドワード7世の時代［1901〜1910年］により身近で標準的なものとなった。黄金時代とも呼ばれるこの時代に、「朝食」はガーデンパーティーや娯楽と同じ範疇の言葉になった。王族や上流階級に限らずすべての人にとって、一日のはじめに朝食を取ることがあたりまえとなり、ホテルや集会所など人が集まる場所も一日の最初の食事が提供できるように改装された。

健康的で、栄養が詰まっていて、それでいてたくさんの料理がさっと用意できる、そんな朝食を求める声が広まり、フル・イングリッシュ・ブレックファストの内容が見直されるようになった。

1903年、アメリカのケチャップ会社ハインツが、イギリス人に大人気のHPブラウン・ソースを製品化して売り出すと、フル・イングリッシュ・ブレックファストのもっとも頑固なファンも、朝食の準備にこの調味料を欠かすことはできなくなった。こうしてハインツは、イギリスでもブランドイメージをしっかりと確立し、1960年代には朝食用に青ラベルのベイクドビーンズの缶詰［いんげん豆を甘辛いソースで調理した料理］を発売して、主婦の心をわしづかみにした。

増加し続ける労働者たちが手軽に食べられる栄養たっぷりの朝食、フル・イングリッシュ・

ハインツのシンボル、豆の缶詰。はっと目を引くあざやかな青いラベルはいまも変わらない。

ブレックファストは、イギリス各地でそれぞれ独自色を帯びるようになった。今日では「フライアップ」と呼ばれるフル・イングリッシュ・ブレックファストのごく一般的な内容は、バックベーコン［豚の腰肉で作られる脂肪分が少ないベーコン］、卵、ソーセージ、ベイクドビーンズ、焼きトマト、マッシュルームのソテー、ブラック・プディング［豚や牛の血液を材料に加えたソーセージ］、そして、こんがりと焼いたトーストといったところだろうか。

とはいえ実際には、どこで食べるか、誰が作るかによって内容は微妙に変わってくる。イギリスの北から南、どこに行っても、ブラック・プディングをプレートのどこに置くかは論争の火種になる。スコットランドのフル・スコティッシュ・ブレックファストのプレートにはハギス［ヒツジの内臓のミンチを、タマネギ、オート麦などと一緒にヒツジの胃袋に入れてゆでた料理］がのっているかもしれない。アイルランドではブラック・プディングの代わりにホワイト・プディング［ブラック・プディングに血液が入っていないもの］が、トーストの代わりにアイリッシュ・ソーダブレッド［イースト菌の代わりに重曹を用いたクイックブレッド］が、さらに、アイリッシュ・ポテトケーキ［マッシュポテトに小麦粉とバターを加えてフライパンで焼いたパンケーキのような食べもの］も並んでいるかもしれない。

フル・イングリッシュ・ブレックファスト

◉変貌する家庭料理

今日、世界は選択肢にあふれている。私たちが好むと好まざるとにかかわらず、無限の情報があらゆる機会をとらえて送り付けられてくる。この数百年間、技術と情報のやり取りが私たちの料理のあり方を変えてきた。さらに今日では、ボタンにふれるだけで、レシピや調理のコツ、そして食料品そのものさえ手に入れられる。

こうした変化が最初に起きたのはメキシコだった。コロンブス交換によって、メキシコ料理は豆が主体の料理から牛肉料理に替わった。スペインからヴァケイロ（牧者）が到着すると、アメリカ大陸にカウボーイ、（家畜としての）牛、あらたな料理の技術が伝えられた。やがて、肉を焼き、カウボーイビーンズ［うずら豆の煮込み料理］を添える習慣が広まっていった。

南アメリカの先住民の食生活は、脂肪ひかえめで野菜や豆をたっぷり取る食事から、肉と乳製品に偏ったものへと変化した。トルティーヤの材料はトウモロコシの粉から小麦粉に替わり、豆とトマトの煮込み料理だったチリは、肉が入ったチリコンカルネになった。

そのときまで、おもにメキシコのユカタン半島に住んでいたメソアメリカの先住民は、「ミルパ」という農法を実践していた。トウモロコシ、豆、カボチャの間作《かんさく》［畑の畝《うね》と畝のあい

カウボーイ・ビーンズは現在ではチリ・ビーンズを呼ばれることが多く、地方により特色がある。

だに別の作物を栽培すること」を一定期間行なったら、しばらく休閑期を設けて土壌を回復させていた。

この一帯からは色あざやかな、それぞれ栄養価の異なる多種多様な豆が見つかっている。からし色のアマリロ・ボラ、薄紅色のバヨ、クリーム色のマンテキーラ、ラベンダーブルーもしくは紫色のアヨコテ、えんじ色のピント、赤と白の斑紋が入ったバキータ・ロホ。[2] さまざまな色を持つテパリービーンは旱魃《かんばつ》に強いために重宝された。この豆は、中央アメリカの乾燥した土地で紀元前5000年から栽培されていたことがわかっている。ソノラ砂漠（現在はアリゾナ州に属する）に住んでいた「砂漠の民《トホノ・オオダム》」は、このt'pawi（彼らの言葉で「豆」という意味）を主食としていた。[3]

しかし、世界各地からそれぞれ独自の食習慣を持つ移民がやってくると、アメリカはたちまち世界の料理のるつぼになった。豆は多くの料理に欠かすことのできない食材だった。いまでもアメリカ東部では、カウポーク・ビーンズやビーンホール・ビーンズなど、当時移民たちが食べていた料理が作られることがある。

ADAMS'

PATENT

BEAN AND SEED SEPARATOR.

Hundreds of bushels of refuse beans are taken to market annually, such as blighted or split beans, dirt and gravel stones, and the same freight paid on such as the best beans. They condemn the good beans and not near their value is realized.

We offer to those who raise and deal in produce, ADAMS' PATENT SEPARATOR, which will thoroughly cleanse beans from all dirt, bring out the split beans by themselves and separate the medium from the pea beans as well as the marrowfats; thus increasing the market value some 25 or 30 cents on the bushel, while the refuse saved at home is valuable for sheep and fowls.

Different grades of meshes are substituted that will separate oats from barley, wheat and buckwheat, and take out all foul seeds. They can be fitted to all Fan Mills. Also open meshes that will sort and take the sprouts off from potatoes.

The above Machines will be seen in operation at STEVENS, BROTHER & CO. 222 Pearl St., N.Y., R. L. ALLEN, 189 & 191 Water St. or at the Manufactory, No. 5 Batterman Block, Lincoln St., Boston. Orders solicited and promptly attended to.

SANFORD ADAMS,
Inventor and Proprietor.

REFERENCES.

New-York.	Boston.	Boston.	Providence, R. I.
Southworth & Slanson	S. A. & A. W. Lovejoy	L. Herman.	Eames & Root,
William R. Stowe,	Wm. H. Matthews,	C. P. Adams,	Wheatons & Whitford
Herrick & Wakeman,	E. H. Blake,	Jones, Farley & Co.	Morris C. Reinsner,
George B. Ferris,	William Hunter,	Rev. D. C. Eddy,	F. A. Brown,
A. M. Coffin.	Pierce & Bryant,	Hon. Simon Brown.	D. H. Braman,
Charles Parsons,	Jonas Meriam & Co.	Hon. Mayor Lincoln,	Gardner F. Swarts,
J. D. Golders.	Lemuel A. Cooledge,	Waterman & Co.	Bank Eating House,
Charles C. Wilcox,	Robert Pierce,	J. D. Williams,	W. T. Smith,
Haley, Sayer & Co.	S. N. Gant,	S. W. Clapp,	Medcalf & Co.
Henry Ward Beecher,	Curtis & Cobb,	Farrar, Follet & Co.	

サンフォード・アダムズ社の豆種子分離機の広告。穀物やジャガイモにも利用できると謳っている。

◉戦争と缶詰

19世紀初頭まで、豆は生のまま莢《さや》から食べるか、乾燥させたものを調理して食べるかのどちらかだった。当時はまだ缶詰の白いんげん豆も、冷凍のさやいんげんもなかった。1861年にアメリカ南北戦争がはじまると、数千キロにわたって展開された戦線の兵士たちにどうやって食料を供給するかが大問題となった。穀物や乾物ならば、鉄道や川船などの輸送手段を使って兵士たちに届けることもできよう。しかし、兵士たちの健康維持のために必要な、新鮮な果物や野菜、牛乳などの腐りやすい食べものを届ける手段がなかった。

北軍の糧食部は、牛乳を缶詰にする実験を行なっていたゲイル・ボーデン［1801〜74年］（ボーデンは、教師、不動産業者、地図製作者、新聞社社長などさまざまな肩書の持ち主だった）に、北軍に供給できる保存食の開発を依頼した。作戦はあたり、戦後、兵士たちは缶詰の味を覚えて故郷に帰還した。19世紀末には、さまざまな種類の食品缶詰が全米で3000万個近く流通するようになった。[4]

缶詰製品は効率よく大量に製造できるだけでなく、経済的でもあった。しかしその一方で、中身を間引いたり、体に悪いものが入っていることがあきらかな食べものを詰めたりして消費者を欺く悪質な業者が出てきた。缶詰は中が見えず、当時はラベルもなかったので、消費

ポーク＆ビーンズの缶詰を輸送用の箱に詰めているところ。1915～25年。

者は缶を開けるまで中に何が入っているのか知ることができず、缶を開けたときはすでにどうしようもなかった。

これに目を付けたキャンベルスープ会社は、中身をイラストに描いたラベルを缶に貼り、さらに、見るからに健康的で元気いっぱいの、笑顔が可愛い「キャンベルキッズ」というマスコットキャラクターまで作ってブランドを宣伝した。それは20世紀初頭に誕生した、画期的なマーケティング戦略だった。

これにヒントを得たミネソタ・ヴァレー缶詰会社は、それまで規格外の大きさのために販売不可能と考えられていた新品種のプリンス・オブ・ウェールズといういえんどうを缶詰にして売り出した。「グリーンジャイアント・グレート・ビッグ・テンダー・ピー」は、ジョリーグリーンジャイアントというマスコットキャラクターのおかげですぐに有名になった。缶詰のラベルに描かれた巨人は――少々安直な造形ではあったものの――人間そっくりの親しみやすいキャラクターで、ふっくらしたえんどうが詰まった重そうな緑の莢を抱えていた。

第二次世界大戦中にはさらに多くの缶詰食品が普及したが、金属は配給制に指定された多くの品物のひとつだったので、供給先はもっぱら軍に限られた。戦後、経済が落ち込むなか、戦争の傷から癒えていない庶民にとって缶詰食品は、手頃な価格でお腹を満たしてくれるありがたい食べものだった。

ジョリーグリーンジャイアントの像。1979年、ミネソタ州ブルー・アースの国道169号線沿いに再建されたもの。

ダービーのチリコンカルネの広告。1940年代。

◉ＴＶディナー

１９５０年代に入ると、あらたな科学技術の登場によって食生活のあり方と豆の販売方法が変わりはじめた。

１９５２年、全米２０００万戸の家庭にテレビが普及した。ちょうどその頃、冷凍家禽の販売を行なっていたＣ・Ａ・スワンソン&サンズ社の重役が、パンアメリカン航空国際線の機内食を作っていたフローズン・ダイナー社のトレーに熱い視線を注いでいた。

１９５３年にアメリカではじめて発売された「ＴＶディナー」のトレーはフローズン・ダイナー社の機内食トレーと同様３つに仕切られ、詰め物がされた七面鳥のグレービーソースがけ、サツマイモのマッシュサラダ（バターのせ）、えんどうのバターのせを並べたものだった。価格は98セント。流行に敏感なファミリー層がたちまち飛びついた。食事はディナー・テーブルではなくテレビの前でするものとなり、人々は温めるだけですぐ食べられる食事に舌鼓を打ちながら、あらたな娯楽を楽しむようになった。

冷凍食品産業はさらに成長した。いまではＴＶディナーのようなフルコースの食事ではなく、マカロニ・アンド・チーズや冷凍ニンジンのような付け合わせや、ブリトーのような単品料理、さっとゆでて食べられる冷凍枝豆などのおつまみが主力商品になっている。

◉クロックポット

このように食文化は急速に変化したが、豆が、乾燥させたものならいつでも手に入り、手軽に保管でき、都合のよいときに調理できる食べものであることに変わりはなかった。

1970年代にライバル・マニファクチャリング社が、クロックポット、あるいはスロークッカーと現在呼ばれている、低温で長時間の煮込みを得意とする調理器具の特許を購入し、ブランドイメージを刷新して売り出した。クロックポットは、シカゴの全米家庭用品展に展示され、栄養たっぷりの食事を手軽に作りたいと考えている家庭の主婦を対象に、「電球1個分と同じ電気代しかかからない」家電製品として販売された。

しかし、クロックポットは最初からどんな料理にも対応していたわけではない。ウェスタンエレクトリック社に技師として就職したアーヴィング・ナクソンは、なにか自分でも製品が開発できないものかと考えていた。彼にひらめきを与えたのは、ユダヤ人が伝統的に安息日に食べている肉とジャガイモと豆の煮込み料理、チョーラントだった。

ナクソンは、安息日になるたびに祖母がオーブンの上に鍋を置き、余熱を利用して料理を煮込んでいたことを覚えていて、1940年にクロックポットの原型となる「ボストン・ビーナリー」を開発し、その特許を取得した。「ボストン・ビーナリー」は、乾燥豆が完全に煮えるまでゆっくり煮込むことのできる豆専用の調理器具だった。1970年代末までに、クロックポットは数百万台の売り上げを記録した。[5]

1980年代に入ってからクロックポットの売り上げは落ち込んだ。しかし2013年の「コンシューマー・レポート」誌の記事によれば、アメリカの83パーセントの家庭がスロークッカーを所有しているという。

ライバル・マニファクチャリング社の謳い文句は、「料理人が出かけているあいだも一日中ポットは料理中！」だったが、これは、夕食は時間をかけて調理され、仕事が終わる定時には準備ができているべき、という考え方が前提になっていた。一方、2012年に発売されたインスタントポット（プログラム機能付き電気圧力調理鍋）が販売対象としているのは、「栄養たっぷりでバランスのよい食事を作りたいが、台所にいる時間は極力減らしたい」人たちだ。[6]

ボストン・ビーナリーが登場した時代、主婦が求めていたのは手早く作れる食事だったので、クロックポット、缶詰食品、短時間で作れるレシピが人気を集めた。1955年、キャンベルズ・キッチン（キャンベル社内にあった、主婦向けパンフレット用レシピの研究開発部門）で働いていたドーカス・ライリー［1926〜2018年］が、アメリカ中西部でキャセロール用ホワイトソースとして普及していたキャンベル社のマッシュルームスープに、同じく広く普及していた冷凍さやいんげんをプラスした料理を考案した。

ライリーはキャセロールの表面にかりっと揚げたタマネギを散らし、スープのくすんだ色が目立たないようにした。キャンベル社は、華やかな色取りのこのキャセロールを休日にぴったりの料理として売り込んだ。

◉ビーナリー

１９８０年代にクロックポットの売り上げが低迷したのは、人々がこれまで以上に外食するようになったからかもしれない。アメリカの風景のあちこちに、雪崩を打つかのようにあたらしいレストランが次々出現していた。都会に行けば世界各地のあらゆる種類の料理を味わうことができた。どれも食欲をそそるものばかり。高級レストランからストリートフードまで、街角には幅広い価格帯の料理が並ぶようになった。家庭用調理器具の進歩とほぼ並行して、外食産業にあらたな創造の波が到来し、拡大の一途をたどった。

こういった傾向は、「ビーナリー」で育った世代にとってはまったく未知の体験だった。ナクソンが、自分が開発したクロックポットの商標に使った「ビーナリー」という言葉は、栄養がたっぷり詰まった料理を生ぬるいビールで流し込む、安価な大衆食堂の愛称だった。

19世紀中頃に起源を持つビーナリーは、手頃な価格で満腹になれることを売り物にした労働者向けの簡易食堂だった。一日24時間、土日も開いていて、深皿いっぱいのポーク&ビーンズが6セント、高くても9セントで食べられることから「ビーナリー」と呼ばれるようになった。

ビーナリーの定番メニュー(のちに看板メニューとなった)は、ポーク&ビーンズだったが、初期にはコンビーフ、ローストビーフ、チキンポットパイ、そしてアメリカの朝食の定番だったハムエッグなどもメニューに並んでいた。30セントで満腹になれる定食には、パン、パイ、ホットコーヒーも付いていた。

1920年、ジョン・「バーニー」・アンソニー[1898~1968年]がカリフォルニア州にビーナリーを開業した(店はのちにチェーン展開される)。バークレーで開業した1号店は男性客専用の店だった。アンソニーは従業員を雇わず、店の経営から料理の支度、床の掃除まですべてをひとりでこなし、その後、ウェスト・ハリウッドのサンタモニカ大通りに店を移転することにした。

当時そこは旧国道66号線沿いの荒涼とした場所で、摩天楼より畑に近かった。しかしこの判断は的中し、心ゆくまで飲んで食べられる居心地のいい店のオーナーとしてアンソニーはセレブたちのあいだで有名になった。

クララ・ボウ［1905～65年。サイレント期に活躍した女優］、ジーン・ハーロウ［1911～37年。女優。1930年代にセックスシンボルとして活躍］が息抜きに通い、1940年代に入ってからはクラーク・ゲーブル［1901～60年。第二次世界大戦前後のハリウッド映画を代表する大スター］、ベティ・デイヴィス［1908～89年。ハリウッド映画史上屈指の演技派女優］らがテーブルをにぎわせた。

ハリウッドの事件を嗅ぎまわる新聞記者たちは、俳優、ミュージシャン、コメディアンたちが「バーニーズ」を訪れるたびに、誰それがいつ店に現れたなどと報道し、今度は誰がアンソニーに香ばしい話題を提供するだろうかと仲間内で噂しあった。それからまもなく、この気取らない店は、個室を増築したりテレビを設置したりするなどの改装を行なった。

1964年、死のわずか4年前、「アメリカにおける同性愛」という「ライフ」誌の記事にアンソニーの写真が掲載された。アンソニーの背後、バーの一番上の棚の目立つ位置にすべて大文字で「ホモおことわり」と書かれた張り紙がぶら下がり、写真の説明には、「私はこいつらが嫌いだ」というアンソニー自身の挑発的な言葉も含まれていた。

しかし世間を騒然とさせたこうした態度によってさえ、アンソニーの名声が損なわれることは（少なくとも有名人たちのあいだでは）なかった。アメリカの現代美術家、エドワード・キーンホルツ［1927～94年。現代社会のタブーにふれる多数の問題作を発表した］は、

さやいんげんの筋を取るふたりの女性。1930年頃。

1958年からビーナリーのレプリカを構想していたが、世間の注目がこの店に集まったことを逆手に取り、レストランの駐車場に「安食堂《ビーナリー》」というインスタレーションを制作した。キーンホルツが制作した全長8メートルの「食堂」には、焼き石膏にパピエマルシェ［パルプ、紙片、布片とのりを混ぜた張り子の材料］で造形された人形たちが並び、ベーコンの焼ける香ばしい匂いが立ち込めていた。人形の顔は時計で、時刻はすべて午前10時10分を指していた。前衛芸術家に霊感を与えたのは「ベトナムのクーデターで子供たちが子供たちを殺している」という新聞の見出しだった。

この展示は、時計の針が人の眉毛に似ていることを、だがそれ以上に、ビーナリーの常連客たちが貴重な時間を無駄にしていることを暗示していた。インスタレーションのなかでただひとりアンソニーだけが、時計でなく顔を持つ人間として描かれている。

義理堅いセレブの友人たちを含め、アンソニーをよく知る人たちも彼の人間性に太鼓判を押している。俳優のデーヴィッド・バリー［1943〜］は、1977年に「ロサンゼルス・タイムズ」紙で、「誰もあの張り紙にはたいして注目しちゃいなかった。それに『バーニーズ』にはいつもゲイの常連客がいたよ」と証言している。[7]

いまでは、あの張り紙は同性愛差別の長い歴史を持つロサンゼルス警察に命じられたものだろうということになっている。警察の思惑はどうあれ、活動家たちは張り紙を外したがっていて、1970年代に入ってからゲイ人権活動家たちが店に押しかけて棚から張り紙をひっぺがした。張り紙は現在、南カリフォルニア大学図書館ワン国立ゲイ&レズビアン資料室に収蔵されている。

1968年11月25日にアンソニーが亡くなってからも、セレブたちは彼が作り上げた空間に慰めを見出し続けた。ドアーズ［アメリカのロックバンド。おもに1965年から1972年にかけて活動］は張り紙をめぐるエピソードを、このビーナリーの反骨精神を裏付けるメッセージととらえた。ベット・ミドラー［1945〜。歌手、女優］、ボブ・ディラン［1941〜。シンガーソングライター。1960年代に反戦、反体制歌で大きな影響を与えた］、ドリュー・キャリー［1958〜。コメディアン、司会者］……みんなこの店に入り浸った。アンソニーの死後まもなく、バーニーズ2号店が開店した。それから今日までに、2018年に大がかりな拡張計画を発表したウェスト・ハリウッド1号店を含め、店は合計6店舗を数えるまでとなった。

バーニーズほどのエピソードはないが、「ボストン・ビーナリー」というレストランも「ビーナリー」という名称を使い続けている。こちらの店も今風のアメリカの料理を提供している。2018年現在アメリカ東部に3つの店がある。時代の進歩に合わせて安食堂《ビーナリー》も進化した。消費者の嗜好に合うように、ハンバーガー、ホットドッグ、サンドイッチ、さらにミルクシェイクやピザまでメニューに加わり、多くの人が慣れ親しんでいるアメリカ風簡易食堂《ダイナー》のメニューとほとんど変わりがない。

第６章◉豆の未来

◉変わる農業

２０１３年４月17日、テキサス州西部の乾燥した平原に建つ肥料工場で激しい爆発が起こり、キノコ雲が発生した。工場にいた複数の作業員ばかりか、近隣の町の住民数人も犠牲となった。

この肥料工場が製造し、倉庫に備蓄していたのは硝酸アンモニウム。硝酸アンモニウムは窒素肥料として使われることが多い。可燃性が高く、やや揮発性もある化学物質だ。１９０９年にフリッツ・ハーバー［１８６８～１９３４年。ドイツ出身の物理化学者、電気化学者］とカール・ボッシュ［１８７４～１９４０年。ドイツの化学者、工学者］によって開発された合成窒素は、第二次世界大戦中は欧米諸国の武器製造に利用された。

戦争が終わり、使いきれなかった合成窒素が残ったが、アメリカ政府にはうってつけの売り込み先があった。農家が窒素を必要としていることを知っていた政府は、収穫高を倍増させ、労働時間を短縮させる手段のひとつとして合成窒素の利用を奨励した。戦争の傷が癒えていなかった当時、政府の措置は、農家に現金を、国民に食料をばらまく行為に等しかった。

一方、これまで天然の窒素供給源として頼りにされてきたマメ科植物は、いたるところで従来の農業の方程式からはじき出された。世界の食料供給は化学肥料に依存するようになったのである。[1]

しばらくは、この化学肥料という救世主のおかげで作物は奇跡的成長を遂げた。農業の生産性が上がり、農家は事業を拡大することができた。トラクターやコンバインなどの大がかりな機械も購入できるようになった。輪作や間作をやめれば、より早くより多くの儲けが得られることに気づき、1種類ないし2種類の作物しか育てない農家が増えていった。ほとんどの農家が最大の利益を見込める「主要作物」――ヨーロッパやアジアの国際的市場で販売できる、トウモロコシ、小麦、綿、大豆を栽培するようになった。

しかし悲しいかな、ほとんどの家族経営の農家にとって、この良い時代は長続きしなかった。生産された大量の食べものが行き場を失ったのである。それまでの農業とは、実際的な

豆摘みに雇われた季節労働者は、提供されたスクールバスで豆畑に移動した。デラウェア州、1940年。

食料生産活動であり、家族の収入源だったが、今日では工業型農業が、私たちが暮らす社会の食料供給源として定着している。さらに困ったことに、こうして供給過剰になってあふれた食べものが過剰に加工され、見慣れない言葉がずらずら並んだラベルを貼られ、派手なキャッチコピーで販売されている。

豆の生産方法も変わった。大規模栽培が行なわれる豆畑の風景には、かつての豆畑や、いまも家庭菜園で見られる風景の面影はない。ほかの大量生産型農業と同じく、栽培される品種の数が減り、もっとも栽培しやすく、もっとも早く利益を出せる3〜4種類の豆ばかりが栽培されている。[2] 豆栽培に関する最新の科学的情報が、どの豆をどの季節に育てればいいか（端的に言えば、どの豆が儲かり、どの豆が儲からないか）ばかりを問題とするようになったため、ほとんどの農家がひとつの品種を選び、そればかりを栽培するようになった。

広大な畑で何千もの畝《うね》に実った豆を人の手で収穫するなど不可能だ。しかるべき時が来たらトラクターで乗り入れて茎ごと刈り取り、莢《さや》が枝に付いたままの状態で地面に寝かせ、しばらく乾燥させてから収穫する。しっかり乾燥して莢から実が取り出せる状態になったと判断したら、コンベアベルトを装着した別の機械で乗り入れて、ふるいの上で莢を揺すって豆を落とし、さらにごみを取り除く。

広大な農地にはごく限られた品種の作物しか栽培されていない。

果てしなく広がるアメリカ中西部の豆畑。商品作物としての豆が栽培されている。

◉大豆の変貌

第二次世界大戦の被害を受けたあらゆる作物のなかでも最大の犠牲者は、おそらくトウモロコシと大豆だろう。どちらも古代から主食として受け継がれてきた食べものだった。戦争がはじまるまで、たわわに実った大豆（あるいはトウモロコシ）の畑で、ほのかに甘い実を茎から直接つまんで頬張るのは至福の体験だったはずだ。その頃まで、野菜から作られる加工食品（付加価値製品）は、昔とそれほど変わらなかった。

きわめて伝統的な食品から大量生産品に変化した付加価値製品の代表格が、醤油だ。ラベルに「天然醸造」あるいは「伝統的醸造法による」という記載がない限り、食料品店で広く見かける醤油は大半が化学的に加水分解された液体調味料であり、大豆に塩酸を加えて生じたアミノ酸液を中和したのち、カラメル色素、塩、コーンシロップ［トウモロコシのでんぷんで作られる液糖］を加え、仕上げに保存料を添加している。伝統的な製法で作られたものに比べてコクと味のバランスに乏しく、塩味しか感じられない［日本で流通している醤油は8割が伝統的な製法（本醸造）によって作られている］。

21世紀に登場した「ソイレント」と「インポッシブル・バーガー」は、どちらも最新のフードテクノロジーを応用して作られた大豆由来の食べものだ。前者は、分離大豆たんぱく質から作られた肉の代用となる調整乳で、１９６６年に発表されたハリイ・ハリソン〔１９２５～２０１２年〕のＳＦ小説『人間がいっぱい』〔朝倉久志訳／早川書房〕に登場する大豆（ソイ）とレンズ豆の食べものにちなんで命名された。

最初のソイレント・ドリンク（プレーン味）が発売されたのは２０１４年。製造販売元のローザ・フーズが掲げる信念は、「食事は時間の無駄」である。ローザ社によれば、この代替食にはバランスの取れた食事に含まれる必須栄養素がすべて入っているのだという。その後、コーヒー味（カフェイン・ミックス）など味の付いたものも発売され、２０１７年にはスナック・バーもラインナップに加わった（現在はスナック・バーの製造は中止されている）。

インポッシブル・バーガーを販売するインポッシブル・フーズは、あろうことか、自分たちが開発した植物由来のフェイクミートは「本物の牛肉の味、香り、食感、すべてを再現している」と謳っている。[3] この肉の代替品の原材料は、大豆のレグヘモグロビン〔マメ科植物の根粒に存在する赤い色素たんぱく質〕で、そのなかのヘムという色素成分が、肉独特の赤い色と味わいを生み出している。

２０１７年、「ニューヨークタイムズ」紙に、アメリカ食品医薬品局（ＦＤＡ）が、人類はいまだかつて大豆由来のこの成分を摂取したことがないと懸念しているという記事が掲載された。にもかかわらず、2018年7月、インポッシブル・フーズは、正式なFDAの認可が得られたことを発表した。インポッシブル・バーガーのその他の成分は、水、小麦たんぱく質、ココナッツオイル、ジャガイモたんぱく質、天然香味料である。

インポッシブル・バーガーは全米各地と香港のレストランで売り上げを伸ばしており、2019年にはファストフード業界最大手のバーガーキングとの業務提携が発表された。アメリカでバーガーキング名物「ワッパー」の肉なしヴァージョンを食べられる日も近い。

今日、畑で収穫される大豆は、人が自分の手で収穫していた頃のものとは異なる。人が手をかけて育てる農作物から、大量生産される製品へと変貌を遂げた大豆は、従来とまったく違うアイデンティティを帯びるようになった。政治の世界でも、それは例外ではない。

2018年、最初の中間選挙を目前に控えたアメリカ大統領ドナルド・トランプ［1946～。第46代アメリカ大統領］のもとに、欧州委員会委員長ジャン＝クロード・ユンケルから通知が届いた。そこには、ドイツの自動車産業に報復関税をかけるという脅しをトランプが取り下げることに合意すれば、アメリカ産大豆の輸入を大幅に増やすと書かれていた。

ユンケルは、トランプがはじめた世界貿易戦争に泡を食った多国籍企業からプレッシャーを受けていた。ヨーロッパの気候は大豆栽培に適さないが、ヨーロッパは、動物の飼料や乳の原料としてこの安価な作物に大きく依存している。一方、アメリカにとってもこの合意は非常に価値のあるものだった。

2018年、アメリカは生産した大豆の37パーセントをヨーロッパに輸出した（前年はわずか9パーセント）。大豆外交は、大豆が地味な農作物から競争力を備えた通貨に変身したことを示す具体的証拠となった。

◉遺伝子組み換え技術

1970年代後半、除草剤の製造販売を行なっていたアメリカの化学薬品メーカー、モンサントが、バイオテクノロジー作物の研究に乗り出した。10年後、モンサントは方針を転換して、遺伝子組み換え作物の分野における実験にとくに力を入れるようになった。具体的には、トウモロコシ、綿花、大豆、アブラナ（キャノーラ）について、異なる種どうしの遺伝子組み換えを試みた。1996年、モンサント社が最初に売り出した遺伝子組み換え製品は、自社の看板商品であるラウンドアップという除草剤の散布に耐えられるように遺伝子改良された大豆だった。その後、ラウンドアップ耐性のある製品が続々と発表され、大々的に販売された。[4]

とはいえモンサント社に、遺伝子組み換え製品開発の手柄を独り占めさせるわけにはいく

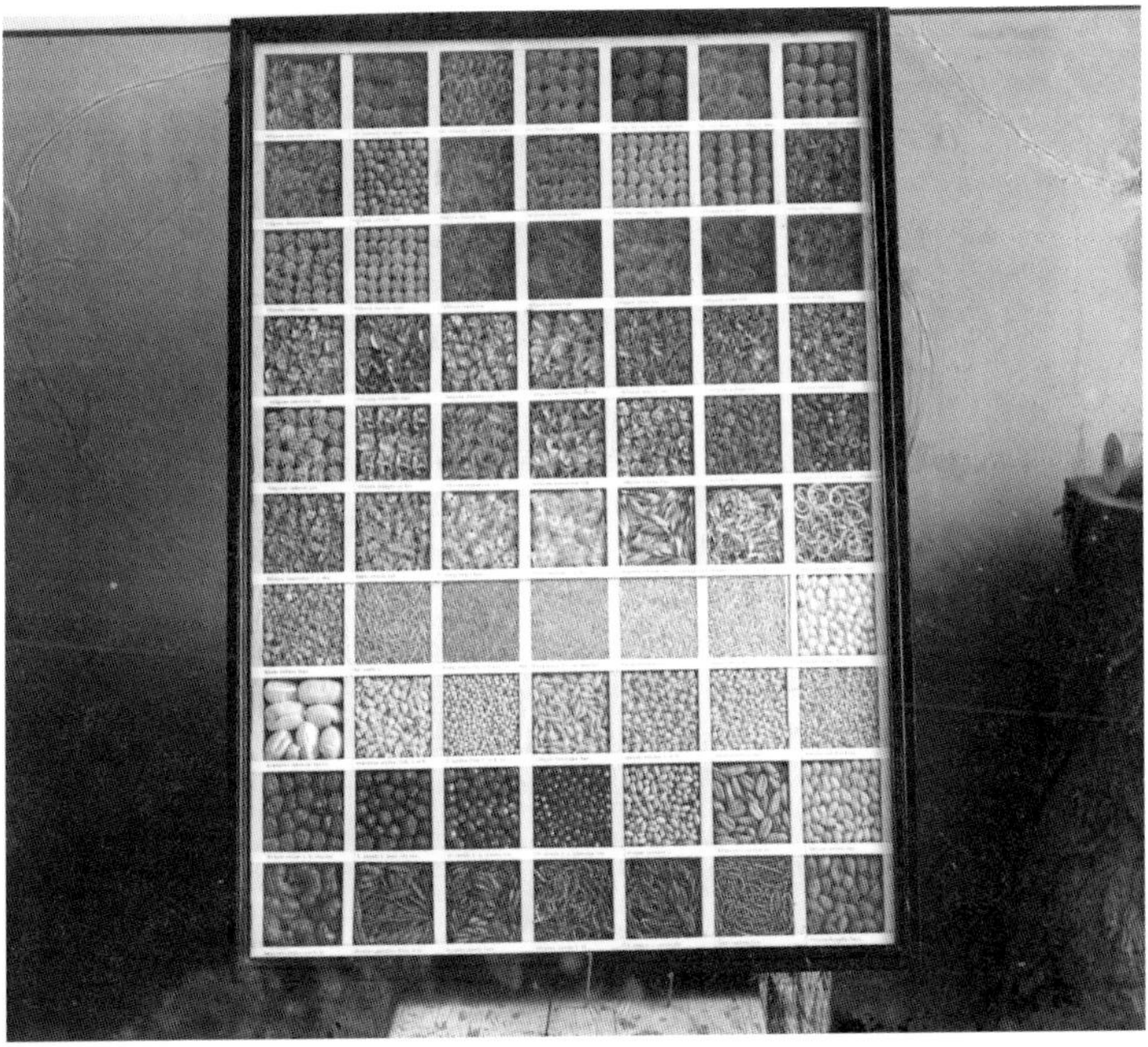

乾燥豆やそのほかの種子の標本が収められた展示ケース。1905～15年頃。

まい。古くは1856年、モラビア［現在のチェコ］の修道院の温室菜園で、グレゴール・メンデル［1822～84年］という修道士がまったくあらたな科学の方法を試みている。「メンデルの遺伝の法則」は、メンデルの死後、1900年代初頭に広く知られるようになり、メンデルが考えた「形質を支配する独立した要素」は「遺伝子」と呼ばれるようになった。彼の発見が土台となって遺伝子組み換え食品が開発され、ヒトゲノム計画が実現された。メンデルが実験対象に選んだのは、おなじみのえんどうだった。

2015年、国際アグリバイオ事業団が、バイオテク／GM（遺伝子組み換え）作物が商業化されてから正式に20周年を迎えたことを祝福した。彼らの報告によれば、その時点で全世界28か国、20億ヘクタールの農地で――アメリカの全国土の2倍に相当――バイオテク作物が栽培されていた。[5] その3年後、ドイツの製薬会社バイエルが総資産のうち90億ドルを手放すことを余儀なくされながらも、モンサント社を買収した。

総額660億ドルの買収劇によって、とくに種子販売と作物保護製品の分野において、世界的医薬品メーカーと遺伝子組み換え種子最大手企業の競争力が統合された。バイエルは、キャノーラ、大豆、野菜の種子事業、および除草剤部門を手放した。これは、独占禁止法措置によるアメリカ史上最大の売却劇だった。

◉国際マメ年

国連は2016年を「国際マメ年」と定めた〔国際マメ年の「マメ」(pulses) は、小豆、いんげん豆、えんどうなどを指し、大豆やピーナッツは含まない〕。これはとくに乾燥豆に脚光をあて、豆が世界の農業にいかに大きな影響を与え、健康な食生活に貢献しているかに注目しようという試みだった。

食料システムの改革を目指す国際的シンクタンク「フードタンク」がこの活動に目を留め、一年を通じて運動の普及に努めた。フードタンクは世界中の指導者たちにインタビューを行ない、肥満、食糧不足、エコロジカル・フットプリント〔人間活動により消費される資源量を表す指標。人間ひとりが持続可能な生活を送るのに必要な土地面積として表される〕、水の保全など、さまざまな状況から生じる問題に人が取り組むうえで豆がいかに役立つかをあきらかにした。

「たった200リットルの水で1ポンド〔約450グラム〕の豆(pulse)が生産できます。一方、同じ量の大豆を生産するにはその5倍の水が、ピーナッツの生産には8倍の水が必要です。豆(pulse)は、すぐれた水効率性によって、自分たちが育つ土を肥やします。その結果、化学肥料を減らすことができるのです」。フードタンクの創設者、ダニエル・ニーレンバーグは活動の初期にこう指摘した。国際マメ年のオープニングでは「小さな豆、大きなチャンス」というフォーラムが開催され、今日世界中で問題になっている健康上の課題に豆がどう役立つかが論じられた。この活動を通じて国際的な組織が一堂に会し、豆が小規模農家を支え、地球上の食糧問題の改善に役立つことが確認された。

◉注目される豆

あらゆるタイプの食通たちのあいだで、豆はいま大いに注目を集めている。豆は、レストランめぐりが趣味のグルメと環境保全活動家を結ぶ架け橋にもなりつつある。

カリフォルニアで「ランチョ・ゴルド」という豆の専門店を営むスティーヴ・サンドは、幼い頃から色あざやかな種子の魅力に取り憑かれ、ついに豆を職業にしてしまった。自称「豆のドン・キホーテ」は「ビーン・クラブ」という組織まで立ち上げ、募金活動も行なっている。稀少品種の豆の栽培と販売を行ない、新世界で守られてきた秘伝豆を発掘するためにはるばるメキシコの辺境地帯に赴き、そうした豆と農家の主権を守るために活動している。

ニューヨーク州にある、非営利組織が運営する体験型農場「ストーン・バーンズ・センター」と、その敷地内にある有名レストラン「ブルーヒル」を経営するシェフのダン・バーバーは、世間に注目されていないものを称賛することによって有名になった。彼は、食のシ

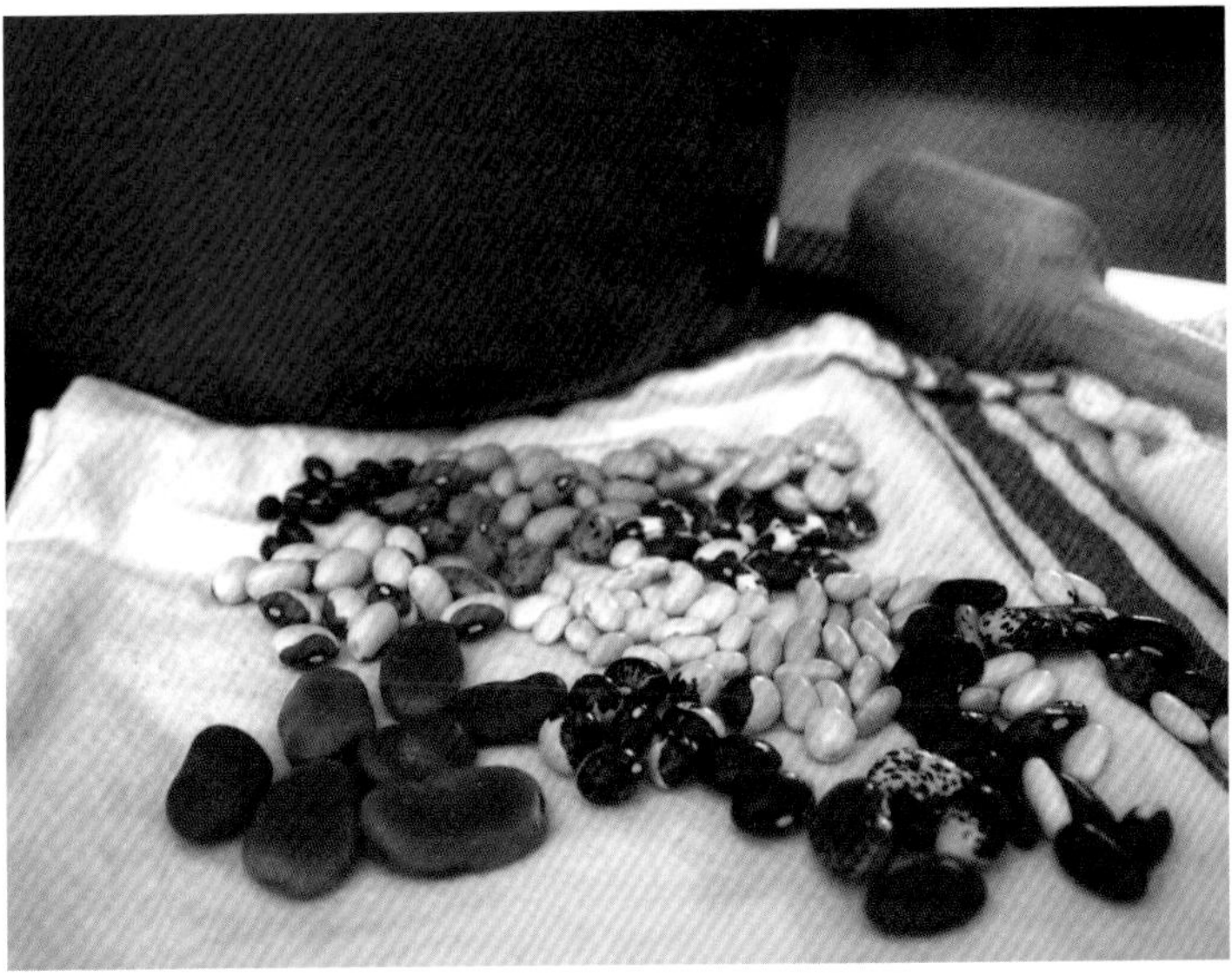

種々さまざまな旧世界、新世界の豆とマチャカドラ（メキシコで昔から使われている豆をつぶすための道具）。

ステムに対する独自の全体的《ホリスティック》観点に基づき、より統合的かつ伝統的な栽培方法（と食べ方）を取り入れ、窒素と栄養を自然に土壌に供給するために畑にマメ科植物を植えている。

民族植物学者で著述家としても知られるゲイリー・ナブハンは豆の研究からキャリアをスタートさせた人物で、豆には見た目以上の価値があると考えている。ナブハンはアリゾナ大学在学中に野生環境で自生するテパリービーンの在来種を発見し、その後、種子保存組織「ネイティブシーズ／サーチ」を立ち上げ、テパリービーンやそのほかの豆が、温暖化が進む地域に救いをもたらすという主張をさまざまな場所で発表している。

カリフォルニア大学デービス校植物科学教授、ポール・ゲプツは技術的側面から豆を応援する。有機農法を実践する栽培者たちに有益な豆を、教え子たちとともに育種している。

２０１４年、国際スローフード協会は、イタリアのトリノで開催された「テッラ・マードレ・サローネ・デル・グスト」において「スロービーンズ」運動を正式に発足させ、豆が大地と人におよぼす影響の大きさを訴えた。隔年で開催されるこの「食の祭典」で、２０１８年、豆は「スローミート」館のワークショップで強い存在感を示した。

２０１７年、「アトランティック」誌は、豆が肉の代わりになれば「エコ不安症」（地球環境危機への強い恐怖。２０１１年にアメリカ心理学会によって認定された症状）への解決策になるだろうと提案した。

ほうきの柄をのぼっていく蔓性の豆

農家から大学教授まで、豆を応援する人々が実践するアプローチ法はそれぞれ異なるかもしれない。互いの立場が対立することもあるだろう。だが世界人口を養っていくために豆が不可欠であるという点では、全員が一致している。

◉豆の未来

以上見てきたように、ちっぽけな豆の物語はけっして小さくはない。その影響は、農耕のはじまりから、大規模農家が耕す広大な畑にまで広がっている。豆は世界中ほぼすべての食文化に組み込まれ、持続的に栄養を提供し、社会に深く浸透しているため、豆にまつわる儀式や歌まで生まれ、子々孫々へと受け継がれている。歴史がはじまってからいまにいたるまで、つつましやかな豆はその根をしっかりと大地に下ろし、人類の物語のなかに自分の物語を織り込んでいった。

豊かな栄養源になるという意味でも、生態系にすこやかな影響をおよぼすという点でも、豆が人類のかけがえのない資産であることはあきらかだ。イタリアの著名な小説家にして哲学者のウンベルト・エーコ［１９３２～２０１６年。代表作に『薔薇の名前』、『フーコーの振子』など］も、豆が「文明を救った」と語っている。エーコいわく、「10世紀に豆の栽培は広がりはじめ、ヨーロッパに広範な影響をもたらした。労働者がこれまで以上にたんぱく質を摂取できるようになり、その結果、彼らはより丈夫に、長命になり、より多くの子を成して大陸の人口を回復させた[6]」。

あと数年で地球上の人口は80億人に達するだろう。そうしたなか、人類ひとりひとりの健康に対する意識は高まり、同時に、持続性を必要とする大地とのつながりを保つことがいかに重要かもわかってきている。過去の人たちにならい、たくさんの豆を畑に植え、食べることが、バランスよく、環境にやさしく、文化的にも望ましい経済的解決策であることは間違いあるまい。

伝統的な豆腐作り

謝辞

夫クリスに心からの感謝を。彼の励ましと学びへの熱意がなければ、この冒険をはじめることはなかっただろうし、成し遂げることもできなかったかもしれない。彼の編集技術と、意外にも文学に登場する豆に関する知識はじつに貴重だった。

この企画にレシピを提供してくださったみなさんにはことのほか感謝している。本書の執筆に取りかかったとき、私には、自身が運営するフードコミュニティで毎日一緒に働いている仲間たちがいて、その人たちから最良のレシピをいくつか教えてもらえるものとあてにしていたが、まさに彼らはその期待に応えてくれた。ミネルヴァは正しい豆のゆで方を教えてくれた。シェフのスメスタッドは私と同じくらい、いや、私以上に豆を高く評価している人物で、自分の厨房のレシピを教えてくれた。「頼りにできるのは感覚だけだ」と言っていたシャロンは、フムス・ビ・タヒニのレシピについて、本書のために加筆することを許してくれた。パスタ・エ・ファジョーリのレシピを教えてくれたクラウディオに心からの感謝を。彼は、これ以上ない本場イタリア風に（そしてイタリアのアクセントで）、山で採れたオレガノとミシェルが育てたトウガラシがあれば最高だが、なくてもかまわないと言っていた。チャーリーンは、まったく時間がなかったにもかかわらず、マルチクッカー（インスタントポット）を使った豆のレシピを試してくれた。私をこの道に誘《いざな》ってくれたおばあちゃん、そしてこんなことでもなければマルチクッカーにさわることなどなかったに違いないおばあちゃん、あなたにはいくら感謝しても足りない。サーシャは、インドの豊かな食べもののなかで豆について多くのことを教えてくれた。そしてひとつではなくふたつも、しかもマルチクッカーで作れるヴィーガンのレシピを教えてくれた。ジャスティンは、南部名物のレッドビーンズ&ライスをいつもごちそうしてくれたうえに、自分から進んでレシピを教えてくれて味見までさせてくれた。ケイシーは、自分で発明したテパリービーンパイのレシピをよろこんでみんなに教えてくれた。同僚たちを代表して感謝申しあげる。本書で紹介できたのは、厳選されたごくわずかなレシピだが、それを見るだけで、アリゾナのレストランが多様性と思いやりにあふれた場所であることがおわかりいただけるだろう。

この本が完成したのは、この数年間、豆について多くを教えてくださった方々のおかげでもある。そのことにお気づきでない方もいるだろう。しかしみなさんの仕事のおかげで、私は自分の研究をより充実させ、以前にも増して豆というこの地味な植物に愛情を感じることができるようになった。豆の王、スティーヴ・サンドよ、あなたのビーン・クラブの忠実なる僕《しもべ》のひとりであることを私は誇りに思う。自宅のパントリーに豆を切らすことは断じてない。ケン・アルバーラの、豆の歴史の分野における独創的な著作は、彼の綿密な多くの研究と同様に時代の先端を行くものだった。ゲイリー・ナブハンからはあらゆる点で多大な影響を受けた。豆と農業に関する本書の記述、とくにアメリカ南西部国境地帯の豆と農業に関する記述は彼の著作に非常に多くを負っている。「より健康的に食べる」ことにご興味のある方は、ドナ・M・ウィナム博士の詳細な研究を読まれるといい。豆の栄養に対する博士の情熱は、あらゆる人の食生活を改善するだろう。シドニー・ミンツ、リンダ・チヴィテッロ、レイ・タナヒル、アルフレッド・クロスビー、アンドルー・F・スミス……ここに挙げた敬愛する食研究家たちの著作を偶然読んでいなければ、エディブルシリーズのために本を書いてみようなどとは思わなかっただろう。彼らの、自分たちの仕事に対するあきらかな情熱、それが私を驚嘆させ、私の心を駆り立て続けている。もちろん、この旅の途中で出会った豆を愛するすべての人々、誰よりもマヤに、ずっと負け犬に寄り添い続けてくれることに心より感謝する。

最後に、本書の執筆中、ずっと支えてくださったマイケル・リーマンとアンドルー・F・スミスに、おふたりのかけがえのない導きと忍耐力に厚く感謝申し上げる。

訳者あとがき

「豆は負け犬」、この本はそんな衝撃的な書き出しではじまります。太古の昔から、野生の豆は地球のいたるところに生えていて、狩猟採集民族だった私たちの祖先の貴重な食料源だったが、調理の発明によって肉が食べられるようになると、「貧者の食べもの」の烙印を押されて顧みられなくなった、というのが著者の主張であり、欧米にいまも残る豆のイメージのようです。

日本では、豆は古来より五穀（米、麦、黍《きび》、粟《あわ》、豆）のひとつとして尊重されてきました。そんな考え方に慣れ親しんでいる私たちにとって、著者の主張は意外ではなかったでしょうか。本書 *Beans: A Global History* は、イギリスの Reaktion Books が刊行している The Edible Series の一冊で、このシリーズは２０１０年、料理とワインに関する良書を選定するアンドレ・シモン賞の特別賞を受賞しています。このシリーズの魅力のひとつに、日本人にとってなじみ深い食べ物が、私たちが抱いているイメージと少々違った、思いがけない切り口から紹介されている点が挙げられると思います。

たしかに、豆はつつましく地味な食材かもしれません。あまりにありふれていて、食卓に並べたところで、歓声があがることもまずないでしょう。

しかし、本書でもくり返し述べられているように、豆は、たんぱく質、カルシウム、ビタミンB_1、B_2といったすぐれた栄養素と、食物繊維を豊富に含む食べものです。味がよく、滋養に富み、経済的であると同時に、大腸がんや糖尿病など、成人病の予防にも好ましい生理作用があることがわかっています。

豆がなければはじまらない料理が多数あることも事実です。フランスのカスレ、ボストンのボストン・ベイクド・ビーンズ、ブラジルのフェジョアーダなど、世界各地にはたくさんのおいしい豆料理があり、その豆料理をこよなく愛する人の数だけ、豆を愛してやまない人たちがいることは、本書にもくわしく紹介されているとおりです。日本にも、金時豆の甘煮や昆布豆、お赤飯など、おなじみの豆料理はもちろん、納豆、豆腐、味噌など、日本の食生活に欠かせない豆の加工食品はたくさんあります。

納豆の起源について、ひとつおもしろいエピソードを発見しました。11世紀、源義家が奥州の豪族内で起きた争いをおさめたとき（後三年の役）、農民から馬の飼料を徴発したところ、急いだ農民が、煮た大豆をよく冷まさず熱いまま俵に詰めて差し出し、その豆が数日後に臭いを発し糸を引いていた。これを食べてみたところたいへん美味だったというのです。

納豆の香りは、食べ慣れている私たちにとっては、えもいわれぬかぐわしい、食欲をそそる香りではありますが、あのねばねばした糸を引く食べものをはじめて口に入れた人の勇気には頭が下がります。本書には、納豆にそっくりなインドの醱酵食品も紹介されています。この豆の食べものも、日本から遠く離れたインドでいまも人々の生活を支えているようです。

国連が2016年を「国際マメ年」と宣言したことに象徴されるように、豆はいま、地球の食糧問題の改善に役立つ食べものとして注目を集めています。本書には、世界各地で古代から受け継がれてきた家宝豆、遺伝子組み換え大豆、肉の味と香りを完璧に再現したという大豆由来のフェイクミートを使った、その名も「インポッシブル・バーガー」、動物性食品は食べられないがおいしいケーキは食べたいヴィーガンの夢をかなえたひよこ豆由来の食材など、豆に関する興味深い話題が満載されています。

本書を読んで豆の歴史と可能性を知れば、これからも豆からますます目が離せなくなることでしょう。最後になりましたが、本書の訳出にあたっては、原書房の中村剛さんにたいへんお世話になりました。心よりお礼申し上げます。

納豆のエピソードについては、ミツカンのウエブサイトにある「納豆まめ知識」(http://

www.mizkan.co.jp/natto/mame/）および『納豆の快楽』（小泉武夫／講談社）を参照しました。
ここに記して感謝申し上げます。

2020年9月

竹田　円

写真ならびに図版への謝辞

著者と出版社より，図版の提供と掲載を許可してくれた関係者にお礼を申し上げる。

The American Folklife Center, Library of Congress, Washington, DC: pp. 28, 30 (bottom), 31, 157 (Coal River Folklife Collection, photos Lyntha Scott Eiler), 30 (top), 122 (Paradise Valley Folklife Project Collection, photos Carl Fleischhauer); Caelius Apicius and Martin Lister, *lApicii Coelii De opsoniis et condimentis sive arte coquinaria* (Amsterdam, 1709): p. 52; Sawyer Bengtson/Unsplash: p. 96; Sneha Chekuri/Unsplash: p. 101; Galleria Colonna, Rome: p. 94; iStock by Getty Images: pp. 6 (rostovtsevayulia), 62 (bhofack2), 99 (IgorDutina), 104 (bottom) (mauroholanda); Jacques Le Moyne de Morgues and Theodor de Bry, *Brevis narratio eorvm qvae in Florida Americæ provicia Gallis acciderunt* (Frankfurt am Main, 1591), photo courtesy Getty Research Institute: p. 29; Library of Congress, Prints and Photographs Division, Washington, DC: pp. 33, 146 (photos Carol M. Highsmith Archive), 35 (Marian S. Carson Collection), 78 (collection of David Murray), 73 (photo John Collier, Jr), 86, 87, 90 (Caroline and Erwin Swann Collection), 108, 109, 114 (collection of John Davis Batchelder), 124, 126 (Detroit Publishing Company), 128 (John Margolies Roadside America Photograph Archive), 136 (photo Doris Ulmann), 143 (photo Jack Delano), 151 (Prokudin-Gorskii Collection); Lisovskaya Natalia/Shutterstock.com: p. 120; Deryn Macey/Unsplash: p. 46; Gaelle Marcel/Unsplash: p. 44; Radu Marcusu/Unsplash: p. 25; Jonathan Mast/Unsplash: p. 20; photos Natalie R. Morris: pp. 10, 41, 155; Paul Morris/Unsplash: p. 8; Chris Pagan/Unsplash: p. 12; Roberto Ribeiro/FreeImages: p. 54; Monkgogi Samson/Unsplash: p. 18; Shho/FreeImages: p. 112; courtesy Sir Kensington's: p. 81; Annie Spratt/Unsplash: p. 36; Milada Vigerova/Unsplash: p. 56; Jasmine Waheed/Unsplash: p. 88; Sander Wehkamp/Unsplash: p. 160; Tom Zittergruen/Unsplash: p. 145;

Howard F. Schwartz, Colorado State University/Bugwood.org, the copyright holder of the image on p. 104 (top), has published it online under conditions imposed by a Creative Commons Attribution 3.0 United States License.

参考文献

Albala, Ken, *Beans: A History* (New York, 2017)

Amundsen, Lucie B., *Locally Laid: How We Built a Plucky, Industry-changing Egg Farm from Scratch* (New York, 2016)

Barber, Dan, *The Third Plate: Field Notes on the Future of Food* (New York, 2014) ［バーバー，ダン『食の未来のためのフィールドノート——「第三の皿」をめざして：海と種子』小坂恵理訳，NTT 出版，2015年］

De Mori, Lori, and Jason Lowe, *Beaneaters and Bread Soup: Portraits and Recipes from Tuscany* (London, 2007)

Hamblin, James, 'If Everyone Ate Beans Instead of Beef', www.theatlantic.com, 2 August 2017

Miklas, Phil, Bean Improvement Cooperative, http://bic.css. msu.edu, 28 August 2016

Mintz, Sidney W., and Chee Beng Tan, 'Bean-curd Consumption in Hong Kong', *Ethnology*, XI/2 (2001), pp. 113-28

Ruhlman, Michael, Grocery: *The Buying and Selling of Food in America* (New York, 2017)

Wei, Clarissa, 'How a Grain and Legume Farmer Harvests Nutrition from the Soil', https://civileats.com, 1 January 2019

Winham, Donna, Densie Webb and Amy Barr, 'Beans and Good Health', *Nutrition Today*, XLIII/5 (2008), pp. 201-9

Withee, John E., *Growing and Cooking Beans* (Dublin, 1980)

レシピ集

歴史上のレシピ

◉レンズ豆とハナウド

アピキウス『料理帖』(紀元85年頃)より。

清潔な鍋にレンズ豆を入れる。コショウ，クミン，コリアンダーシード，ミント，ヘンルーダ［地中海原産ミカン科の植物。ハーブ］，ノミヨケ草をすり鉢でつぶし，酢で湿してから，ハチミツ，ブイヨン，濃縮ブドウ果汁，酢（お好みで）を加え，鍋に入れる。下ゆでしたハナウドをつぶし，熱して，完全に火が通ったら，縛って，グリーンオイルを加えて，適当な皿によそい供する。

◉レンズ豆と栗

アピキウス『料理帖』(紀元85年頃)より。

あたらしい鍋に，ていねいに洗った栗，水，少量の炭酸水を入れ，火にかける。栗が煮えたら，コショウ，クミン，コリアンダーシード，ミント，ヘンルーダ，シルフィウムの根，ノミヨケ草を，酢，ハチミツ，ブイヨンで湿し，すり鉢ですりつぶす。好みで酢を足し，煮えた栗にかける。オイルを加えて沸騰させる。火から下ろして，すり鉢でつぶし，味を見て，足りないようであれば味を付け足し，最後にグリーンオイルを加える。

レンズ豆を煮て，灰汁をすくい，リーキ，生のコリアンダーを加える。コリアンダーシード，ノミトリ草，シルフィウムの根，ミントシード，ヘンルーダシードを酢で湿してつぶす。ハチミツ，ブイヨン，酢，濃縮ブドウ果汁（お好みで）を加え，さらにオイルを加えて，かき混ぜながら豆に火が通るまで煮詰める。栗のルーをかけて，グリーンオイルを足し，コショウをふって食卓に出す。

◉豆と肉の煮込み

リチャード2世の料理長のレシピ。古いイギリスの料理の巻物より（1390年)。

豆と乾燥させた豚モモ肉を竈か炉に入れて焼く。肉が焼けたら，取り出して，きれいに洗い，ヤギのブロスに浸して，焼いた肉と食べる。

◉ホッピンジョン

サラ・ラトリッジのレシピ，『カロライナの主婦』（1847年）。

ベーコン…1パイント（470ml）
レッド・ピー（赤えんどう）…1パイント（470ml）
米…1パイント（470ml）

最初に，鍋に豆と水を入れて，沸騰しかけたら，ベーコンを入れる。豆が煮えたら，あらかじめ洗っておいた米を入れる。米を30分煮たら，鍋を火からおろし，米だけ炊くときと同じように炭の上に置いて蒸らす。豆を煮るときは，1クォート（946ml）の水から炊くが，水が蒸発して足りなくなったら，お湯を少し足す。塩とコショウで味を調え，好みでミントを散らす。豆とライスを皿によそってからベーコンをのせる。

現代のレシピ

◉シンプルな豆の鍋

ミネルヴァ・オルドゥニョ・リンコン（シェフ，フードライター）の寄稿。

豆の料理は非常にシンプル。だからこそとても難しい。完璧に調理された豆を食べたら，おばあさんの家の居間にあった「見るのはいいけれどさわってはだめ」と言われた，高価なアンティークのビロード張りの肘かけ椅子についに腰かけた，そんな心地になるに違いない。贅沢なビロードのような滑らかな舌ざわり，そして楕円形を留めたちょうどよい硬さ。完璧に調理された豆は，どんな種類のものであれ，歯ごたえはいっさいあってはならない。リゾットのような芯の硬さを残して，継ぎ目で破裂する直前で火を止める。豆はまさに，豪華なビロード張りの肘かけ椅子のようなものだ。

ほとんどの豆について，調理する前に豆を水に浸すかどうかは，シェフの裁量次第。豆を水に浸しておかなければ調理に余計に時間がかかり，水がたくさん必要になるだろう。しかし，風味の点では水に浸した豆にまさるかもしれない。水に何時間も浸けておくと，豆は発芽したり，醱酵しはじめたりする。どのくらいの速さで豆が発芽するのか，ご興味がある方は，湿したコットンにうずら豆をのせて，日当たりのよい窓辺に置いておくとよい。翌日には小さな緑の葉が顔をのぞかせているだろう。

白いテパリービーンは「浸けおき不要」法則の例外だろう。この豆の中には，水に浸してから調理してもやわらかくならないものがある。こういう非協力的な豆を簡単に取り除くには，室温で1時間，ぬるま湯に浸しておくといい。そうすれば，水を吸ってふっくらした豆と簡単に区別できる。

ほかにもいくつか，完璧な豆を料理する前に理解しておくべき重要なポイントがある。豆を煮たときにできるとろりと

した煮汁は，豆そのものと同じくらい風味豊かで栄養価も高く，そのため豆と同じくらい重要だ。ピューレを作ろうとしているなら，まだ温かいうちに煮汁を使えば，絹よりなめらかなピューレを作ることができる。煮汁はそれほど重要なのだから，きちんと手をかけるだけの価値はある。カプチーノのような泡状の上ずみは，鍋から繰り返していねいにすくい取ること。泡が吹きこぼれないように自分で考えるよりかなり大きめの鍋を使ったほうがよい。

完璧な豆を煮るには一定のリズムが必要だ。最高の豆を味わうには，短時間で沸騰させて，鍋の中で豆が動きまわるように強火で調理する必要がある。豆が鍋の底に沈殿することなく，上に下にとたえず踊っている状態を保つ。鍋の底にたまったままだと，豆がどろどろに煮崩れてしまう。

味付けをするタイミングも重要だ。豚モモ肉の骨は，もちろん最初から投入してかまわないが，タイムやメキシカンオレガノのような細かいハーブは灰汁を取り除いてから加えたほうが，灰汁と一緒に捨ててしまう心配がないので良い。酢や塩は，豆がやわらかくなるまで入れてはいけない。最初から塩を加えても台無しになるわけではないが，豆の皮にそれとわかる歯ごたえができる。

結局，完璧な豆を煮る方法を体得するただひとつの方法は実践してみること。そして何度も食べてみることだ。

乾燥した豆…1カップ（225g）
水…適宜

豆を流水でよく洗う。傷んでいる豆やごみを取り除く。中くらいの寸胴鍋に豆を入れ，水を豆より8センチほど高くまで注ぐ。火にかけて沸騰させて10分ほど煮たら中火に落とす。つねに豆に水がかぶるくらいの状態を保つこと。

灰汁が出ると煮汁が濁るのでかならずすくい取る。灰汁を取り除いてからハーブやいためた野菜などを投入する。豆がやわらかく煮えてきたら，トマトなど酸味のある食材や塩を加えてもよい。

豆が煮くずれる直前まで煮込む。最後の数分間はあっという間だ。タイマーをあてにするより，豆の大きさや香りから自分で判断するほうがいい。

煮汁に浸けたまま豆を冷ます。豆は冷蔵した状態で約5日間保存が可能。冷凍すればかなり長く保存できる。風味を保つためにかならず煮汁に浸した状態で保存すること。

◉アナサジ豆の煮込み，メスキート・コーンブレッドを添えて

アリゾナ州セドナにあるエローテカフェのオーナーシェフ，ジェフ・スメスタッドの寄稿（スメスタッドは『エローテカフェ・レシピブック』『エローテカフェ・ノート』の著者でもある）。

1950年代，アナサジ族の遺跡で封をされた土器の中から豆が見つかり，放射線炭素年代測定の結果，1500年前のものであることがわかった。そして奇跡的に豆は発芽した。こうしていま私たちもおいしい秘伝豆を食べている。考古学者によれば「アナサジ」とはナバホ族の言葉で，紀元前200年から紀元1500年にかけて繁栄した，アメリカ南西部の祖先プエブロ族のことだという。

………………………………………………

◉メスキート・コーンブレッド

メスキートはアメリカ南西部原産のマメ科の常緑低木。

スーパースイートコーンパウダー…½カップ（110*g*）
コーンミール（中挽き）…½カップ（110*g*）
小麦粉…大さじ6＋メスキートパウダー…大さじ2
片栗粉（ジャガイモでんぷん）…½カップ（110*g*）
ベーキングパウダー…小さじ2
砂糖…大さじ1
塩…小さじ1
卵…3個
バターミルク［牛乳からバターを作ったときに残る液体］…2カップ（450*ml*）
無塩バター（溶かしたもの）…大さじ4
焼き型に塗るバター…容量外

1. 粉類，砂糖，塩と，卵とバターミルクをそれぞれ違うボールで混ぜ合わせる。ふたつのボールの中身を合わせて，完全に混ざりあうまで手でやさしく混ぜる。
2. 1時間から3時間生地を休ませると，コーンミールが水分を吸収してやわらかくなる。焼き型にバターをしっかり塗る。筆者はビスケット用の鉄の鋳型を使って，生地を小分けにして焼いている。8インチ（20センチ）の鉄製スキレットを使ってもいいだろう。
3. オーブンの中で，あるいはオーブンレンジの最上部で型の中のバターがパチパチいうまで予熱する（バターがこげない程度）。バターを加えると表面に焦げ目がしっかりつく。
4. 200度に温めておいたオーブンで25分間焼く。

………………………………………………

◉アナサジ豆の煮込み

水…8カップ（2リットル）
乾燥アナサジ豆…2カップ（450*g*）
塩…小さじ1½
クミンパウダー…小さじ¾
ワヒーヨ，チポトレ，パシーヤ，アンチョ［いずれもメキシコ料理によく使われるトウガラシ］のパウダー…各小さじ¾
ニューメキシコ・チリパウダー…小さ

じ1
アルボル［小さくて辛いメキシコのトウガラシ］…6本（細かくきざんでおく）
ガーリックパウダー…小さじ½
タマネギのみじん切り…½カップ（125*g*）
ドライオレガノ…小さじ1½
コーン油…½カップ

大きな鍋に材料をすべて入れて，弱火で2時間から3時間（豆がやわらかくなるまで）煮込む。必要に応じて水を足す。熱々をメスキート・コーンブレッドにかけて食べる。

◉フムス・ビ・タヒニ

アメリカ全土にその名を知られるフードライター，シャロン・サロモンの寄稿。

ひよこ豆（缶詰のもの，またはゆでてあるもの）…3½カップ（750*g*）
タヒニ［ゴマペースト］…⅓カップ（50*ml*）（お好みでもっと多くてもよい）
ニンニク…1片（お好みでもっと多くても OK）
生のレモン汁…½カップ（110*ml*）（お好みでもっと多くてもよい）
クミン…小さじ1¾
エクストラバージンオリーブオイル
塩（お好みで）
カイエンペッパー…ひとつまみ
仕上げにお好みでパプリカ，きざみパセリを散らす。

まずはひよこ豆の準備から。缶詰のものであれば水を切ってよく洗う。清潔な布巾に少量ずつひよこ豆をのせて，布巾をたたんでかぶせ，そっと転がして皮をむく。水に浸すと，皮が表面に浮かび上がるので捨てる。ひよこ豆の皮むきは必須ではないが，完璧になめらかなフムスを作るにはこのひと手間が欠かせない。

ひよこ豆，タヒニペースト，ニンニク，レモン汁，塩，クミン，カイエンペッパーをフードプロセッサーに入れて，オリーブオイル大さじ1〜2杯を加え，すべてが混ざりあうまで，もしくは好みの濃さになるまで攪拌する。味見をして，お好みで，塩，レモン汁，ニンニクを足す。

ひよこ豆，オリーブオイル，パプリカ，パセリを上からかけて食卓に出す。

◉パスタ・エ・ファジョーリ

アリゾナ州フェニックスにある Pa' La のオーナーシェフ，クラウディオ・ウルチュオーリの寄稿。

この料理は，私が子供の頃から食べてきたレシピが原型になっている。そちらでは，イタリアのカンパニア州近郊にある母の故郷の村で採れる豆を使っていた。

成人してからは，スローフード協会プレシディオのプロデューサーを務める友人のミケーレ・フェランテが育てているコントローネといういんげん豆，オレガノ，トウガラシを使って作っている。イタリアの食事の典型的なパスタや豆料理と違って，この料理は単品でも食べられる。コントローネ・ビーンは，スローフード協会の味の箱舟で見つけることができる。

（4人分）

パスタミスタ［さまざまな種類のパスタが混ざったナポリ地域独特のパスタ］，またはオッキディルーポのような筒状のショートパスタ，またはスパゲッティを短く折ったものでも可…400g
コントローネ・ビーン…200g
ニンニク…2片
セロリ…1〜2本
エクストラバージンオリーブオイル…大さじ2杯
コントローネ・チリパウダー，オレガノ…お好みで
エクストラバージンオリーブオイル…お好みで

豆は浸水させず，はじめから3倍量の水でゆでる。テラコッタの鍋をお持ちであれば，その鍋を直火にかけて調理するのがベストだ。ニンニクとセロリを加えると風味がよくなる。やわらかく，しかし芯が残っているくらいまで豆が煮えたら，豆の4分の1ほどを鍋の中で直接裏ごしするか，粗くつぶす。水気が完全になくならないように注意すること。

次に，乾燥パスタを2回か3回に分けて入れ，よくかき混ぜて，豆に残っている水分を吸収させる（リゾットを作るときの手順を思い出そう）。パスタがすべて混ざったら，お好みでオレガノとチリパウダーを足す。必要な場合のみ塩を入れて味を調える。深皿によそって，良質なオリーブオイルをまわしかけて完成。

◉パスタ・エ・ファジョーリ・フリッタ

アリゾナ州フェニックスにある Pa' La のオーナーシェフ，クラウディオ・ウルチュオーリの寄稿。

イタリア人は料理を最大限活用する名人だ。ことに食べものとお金の両方を節約しなくてはならない場合には。この料理は，先に紹介したレシピの残りを使って，最高の朝食，サンドイッチ，おやつに仕立てようというもの。

フライパンを温めてオリーブオイルを薄くのばす。パスタ・エ・ファジョーリの残りをフライパン全体に均等に広げて，ぱりぱりに焼く。少し冷ましてすぐに食べてもいいし，取っておいてあとで食べてもおいしい。スライスして，フリッタータやサンドイッチのように，ルッコラやトマトとパンにはさんで食べる。

◉カジャン／インドネシア風ピーナッツソース

私のおばあさんはすばらしい料理人だった。インドネシアで生まれ，十代のときにオランダに移住すると，現地の料理を習得すると同時に、オランダ人にインドネシア料理を伝えた。数年後アメリカに渡り，そこで私の食生活に，結果的に私のライフワークに影響をおよぼす重要な役割を演じた。

子供の頃，私が食べていたものにはなんでも，ブロッコリーのようにただ蒸しただけの野菜にもカジャンがかかっていた。私は，自分の味覚がごく幼い頃にこの味につながって，それで自分が食べものに関わる仕事に就くようになったのだと確信している。このレシピは，アメリカで手に入る食材で作れるようにおばあさんがアレンジしたもの。

水…1カップ
ビーフブイヨン…1個
ピーナッツバター…¾～1カップ（225g）（クランチタイプかクリームタイプかはお好みで）
お好みで，カリカリに焼いたタマネギ，サンバル［インドネシア料理に用いられる辛味調味料］

水にブイヨンを入れて沸騰させる。火を弱め，ピーナッツバターを手早く溶かす。タマネギとサンバルを入れる。蒸し野菜に添えて，ガドガド・サラダや，ライスにかけて，またはディップにして。

◉ラージマ・チャワル／レッド・ビーンズ＆ライス（北部），ムングダール・パヤサム／ムング豆のお粥（南部）

アリゾナ州テンピに本社のあるヴィーガンレストラン，24キャロッツのオーナーシェフ，サーシャ・ラージの寄稿。

インドは土地も言語も料理も途方もなく広大な国だ。私は南インドのタミル族の堅実なバラモンの家に生まれ育ったが，北インド料理にもたくさんのお気に入りがある。私は南インド人の心と，北インド人の舌のあいだで板ばさみになり，どちらかの料理だけを推すことはできなかった。そこで今回はすべてを兼ね備えたふたつのレシピを紹介することにする。

◉ラージマ・チャワル／レッドビーンズ＆ライス（北部）

これは，ほとんどすべての料理に合う，そんなつつましい料理だ。シンプルで，鍋がひとつあれば調理できる。そして日を追うごとにおいしくなっていくので，大学時代，私は毎日こればかり食べていた。実際，勉強会の名目で親友の家に行くたびに，彼女の母親もこの料理を作って夕食に招いてくれたものだ。

まず，レッドキドニー・ビーン2カップを，ひたひたの状態からさらに5セン

チ加えた水に一晩浸す。次に，2カップ（450g）のラージマ（レッドキドニー・ビーン）と6カップの水を圧力鍋に入れて調理する。インスタポットを使うと非常にうまくいく（マニュアル強で30分圧力をかけてから解放する）

さらに以下の材料を圧力鍋に加える
クミン…小さじ2
タマネギのみじん切り…1カップ（250g）
コリアンダー（きざんだもの）…¼カップ（60g）
ショウガペースト…大さじ2
トマト（きざんだもの）…1個
コリアンダーパウダー…小さじ1
レッドチリパウダー…小さじ½（省略しても可）
ガラムマサラパウダー…小さじ3
ラージマママサラパウダー…小さじ1
塩…小さじ1（お好みで足してもよい）
レモン汁…1個分
砂糖…小さじ1

材料がすべて隠れるまで水を注ぎ，さらに20分圧力をかける（インスタポット，マニュアル強で20分）。

これで完成。炊き立てのライスにかけて召し上がれ。私も，大学時代の私も，みなさんにおいしく召し上がっていただけることを願っている。

＊ラージマママサラは，インド食料品店ならたいていどこででも購入できる。しかし，あなたが私のようにスパイス作りの労をいとわない人なら，以下の材料を炒めて挽けば，あなたのオリジナル・ラージマママサラが作れる。

カスリメティ（乾燥フェヌグリークの葉）…大さじ1
コリアンダーシード…大さじ2
クミンシード…大さじ2
カルダモンシード…小さじ1
乾燥トウガラシ…4～5本
ベイリーフ…4枚
クローブ…小さじ½
メース…小さじ1
ナツメグ（すりおろす）…小さじ¼
乾燥ザクロシード（アナルダナ）…大さじ1

仕上げにショウガパウダー大さじ2，乾燥マンゴーパウダー（アムチュール）大さじ2を加える。密閉容器に入れて冷蔵庫で保存すれば数か月間は使用できるので，やってみるだけの価値はある！

◉ムングダール・パヤサム／ムング豆のお粥（南部）

このレシピは，私にとってこの世界と同じくらい重要なものだ。なぜならこれは私の母のレシピなのである。母と祖母は祭りや宗教上の祝日を祝うときにこの料理を作ってくれる。幼かった頃，私は欧米のケーキやチョコレートに味覚を幻惑されて，このみごとなまでにシンプル

な料理が，いかに繊細で，滋味と栄養に富んだものであるかをしっかりと理解できなかった。しかし私にとって幸いなことに，だからといって母はこの料理を作ることを止めなかった。そこでいまでは母がこの料理を作ってくれるたびに，この料理を心から味わうことができる（注：私の母でない方はどなたでも，それだけでこのレシピを作るうえでハンディを負っている。というのも母は材料を量るのに手しか使っていないらしいのだ。母の「このくらい」をカップに置き換えるために私は最善をつくした）。

皮をむいたムングダール…1カップ（225g）
精製されていないパームシュガー（ジャグリーまたはヴェルム）…1½～2カップ（450g）
ココナッツミルク…4～5カップ（1～1.25リットル）
塩…小さじ1
カルダモン（すりおろしたもの）…小さじ½
サフラン…ひとつまみ
ココナッツオイル
カシューナッツ…¼カップ（60g）
干しブドウ…¼カップ（60g）

ムング豆を水につけて，水が透明になるまで洗う。2カップ（450ml）の水に豆を入れて沸騰させ（必要に応じて水を足す），やわらかくなるまで煮てから，パームシュガーを加える。砂糖が完全に溶けるまでかき混ぜながら煮る。ムング豆が，ふんわりなめらかなクリーム状になるまでやさしくつぶして，コンロから鍋を下ろす。

別の鍋でココナッツミルクを沸騰させて少し冷ます。先ほどのムング豆を加える。このときミルクが冷めていないと，ムング豆に加えた砂糖が固まってしまうことがある。もう少し薄くする必要があれば，さらにココナッツミルクを足す（「薄すぎても濃すぎてもいけない――ペースト状でなく飲みもののようであるのが望ましい」）。サフランをひとつまみ，塩，小さじ½，すりおろしたカルダモン，小さじ½を加える。

ギー，もしくはココナッツオイル大さじ2で，カシューナッツ，レーズン，カップ¼をさっと炒めて，上からかける。あなたが求めている「お母さんのハグ」のように，なめらかで，どこまでも心地よくなくてはならない。

◉レッドビーンズ＆ライス

アリゾナ州フェニックスにあるサザンレール・レストランとベケッツ・テーブルのオーナーシェフ，ジャスティン・ベケットの寄稿。

ここに紹介するのは，典型的な南部アメリカ料理を自分なりにアレンジして，フェニックス中心部にあるサザンレール・レストランで提供している料理のレ

シピである。

(8人分)

ベーコン(きざんだもの)…1カップ(225*g*)
黄タマネギ(大,みじん切り)…1個
アンドゥイユソーセージ(粗みじん切り)…4本
中力粉…1カップ(225*g*)
ニンニク(スライス)…2片
生のベイリーフ…2枚
セロリ(粗みじん切り)…2本
ピーマン(粗みじん切り)…1個
ウィスキー…1カップ(225*ml*)
豚のブロス(煮出し汁),またはブイヨン…3リットル
レッドビーン(金時豆)…3カップ(700*g*)
豚スネ肉の燻製…大2本
アンドゥイユソーセージ(半月状にスライスしたもの)…2カップ(450*g*)
クリスタルホットソース[トウガラシと酢,塩のみで作られた調味料。肉料理などによく合う]…½カップ(100*g*)

1. 大きなスープ鍋にベーコンとタマネギを入れ,香ばしいキツネ色になるまで中火で炒める。
2. 粗みじん切りにしたアンドゥイユソーセージを加え,さらに15分炒める。
3. 中力粉を加え,ベーコンとソーセージから出てきた脂肪に乳化するまでかき混ぜながら炒める。
4. 小麦粉がキツネ色になるまで,中火から弱火でさらに炒める(よくかき混ぜること)。
5. ニンニク,ベイリーフ,セロリ,ピーマンを加えて,さらに5分炒める。
6. 中力粉が鍋にこびりつかないようにウィスキーを注ぎ入れる。
7. 豚のブロス,レッドビーン,豚スネ肉を鍋に入れ,豆がやわらかくなるまで80〜90分ほど煮込む。
8. スライスしたアンドゥイユソーセージとホットソースを加える。
9. 塩,コショウを加えて,味を見る。
10. コンロから下ろして冷ます。
一晩寝かせれば最高の風味になるが,そのまますぐに食べてもよい。
山盛りのライスにかけて,クリスタルホットソースを足して食べる。

………………………………………

◉テパリービーン・パイ

アリゾナ州テンピ,カーテルコーヒー・ラボ,料理部門責任者,ケイシー・ホプキンスの寄稿。

調理をはじめる前に,テパリービーンをしっかり煮て,冷まし,水を切っておくこと。

この豆は旱魃に強いため,非常に実が詰まっているので,完全に煮えるまでに数時間かかる。しかしそれだけ時間をかける価値はある!

パイ皮について。私はこのパイについては甘めの皮を選ぶようにしている。パートシュクレ［デザート用タルト生地］，またはコーンミール［ひきわりトウモロコシ粉］のタルト生地も，濃厚なこの豆のフィリングと相性がよい。自宅で手作りするときは，トーマス・ケリーのパートシュクレのレシピか，ジョイ・ザ・ベイカーのコーンミールのパイ皮レシピを参照している。

私はこのパイを作るときは，いつもクランベリー・ホイップクリームと，砂糖がけのコーンナッツ［炒ったトウモロコシのスナック］を添えるようにしている。ナタリーにこのパイを作ってみるように勧めたときは，試しにハイビスカスのブラッドオレンジ・カード［オレンジ風味ペースト］を添えてみた。なめらかでさっぱりとした柑橘系のものならなんでも，クリーミーでスパイシーなこのフィリングとよく合う。ぱりぱりと歯ごたえのあるものもいい。実際，どんなナッツでも，少し炒って，砂糖がけしたものは，このパイと相性がいいだろう。

テパリービーン…1¼カップ（230*g*）
無糖練乳（エバミルク）…1¼カップ（300*g*）
グラニュー糖…1カップ＋大さじ3（265*g*）
無塩バター…大さじ5
中力粉…大さじ1＋小さじ2½
シナモンパウダー…小さじ1¼
ナツメグパウダー…小さじ½＋小さじ⅛
ショウガパウダー…小さじ¾
カルダモンパウダー…小さじ½
黒コショウ（挽いたもの）…小さじ¼
コーシャーソルト（フレーク岩塩）…小さじ¼
オレンジの皮…大1個分
卵…大4個
バニラビーンズペースト…大さじ1＋小さじ1

1. あらかじめオーブンを180℃に温めておく。
2. コンロでバターを溶かす。溶けたらコンロから下ろして10分以上冷ます。
3. マイクロプレーン（おろし器）でネーブルオレンジの皮をすりおろす。皮が足りなそうなときはオレンジをもう1個使う。
4. 砂糖を量ってオレンジの皮と混ぜる。オレンジの皮が砂糖に均等になじんで，砂糖がオレンジ色になるまで，砂糖と皮をよくあえる。
5. 残りの材料を金属の大きなボールに入れ，ハンドブレンダーで混ぜ合わせる（フードプロセッサーを使ってもよい）。ブレンダーを強にして2分から4分，すべての材料が均等に混ざりあうまで混ぜる。

この時点では通常，豆は完全にクリーム状にはなってはいない。ボールの中には塊や皮のかけらが残っているかもしれないが，パイの舌ざわりには影響しない。

焼く前に少なくとも1時間，冷蔵庫で生地を休ませて材料をよくなじませる。パイ生地を最初から準備するのであれば，この空き時間を使って生地を丸めて焼くといい。

7. 1時間経過したら，フィリングを泡立て器でよくかき混ぜ，あらかじめ焼いておいたパイ生地に流し込む（生地がまだ温かくても大丈夫だが，その場合は焼き時間が数分短くなることを計算に入れておこう）。流し込んだフィリングとパイ生地の上辺のあいだに0.5センチの隙間を開けること。
8. 180℃に温めたオーブンで50～60分焼く。フィリングが膨らんだら完成。中までしっかり火が通るように途中でパイを回転させる。45分経ったら焼き上がり具合をときどきチェックしよう。

注

第1章　豆という植物

1　マメ科（Leguminosae family）は非常に大きいため，いまではさらに4つの異なる科（Caesalpiniaceae，Fabaceae，Mimosacae，Papilionaceae）に分類されている。

2　Steve Sando, *The Rancho Gordo Heirloom Bean Grower's Guide: Steve Sando's 50 Favorite Varieties* (Portland, OR, 2011).

3　現在モンティセロは世界遺産（博物館，研究所を備えた非営利組織）であるため，だれでも見学することができる。www.monticello.org を参照（2018年6月16日アクセス）。

第2章　豆のはじまり

1　Linda Civitello, Cuisine and Culture: A History of Food and People (Hoboken, NJ, 2011).［リンダ・チヴィテッロ『食と人の歴史大全――火の発見から現在の料理まで』栗山節子／片柳佐智子訳，柊風舎，2019年］

2　Carol R. Ember and Melvin Ember, 'Violence in the Ethnographic Record: Results of Cross-cultural Research on War and Aggression', in *Troubled Times: Violence and Warfare in the Past*, ed. Debra L. Martin and David W. Frayer (London, 1997), pp. 1-20.

3　Ken Albala, Beans: A Global History (New York, 2007).

第3章　豆の文化

1　生物学的多様性を追求するスローフード協会は，近年，「モディカ・コットイアそら豆」の復興を支援するため，この豆を自分たちの絶命危惧種リストに追加した。www.fondazioneslowfood.com を参照（2018年6月15日アクセス）。

2　Joseph Dommers Vehling, *A Bibliography, Critical Review and Translation of the Ancient Book known as Apicius de re coquinaria* [*Apicius: Cookery and Dining in Imperial Rome*] (Chicago, IL, 1936)

3　Alfred W. Crosby, *The Columbian Exchange: Biological and Cultural Consequences of 1492* (Santa Barbara, CA, 2003)

4 情報の一部は，料理研究家，マイケル・トゥイッティの『米と豆 *Rice and Beans. A Unique Dish in a Hundred Places*』に依る。このトピックについては，インターネット上にアップされた彼の研究のなかでさらに多くの情報を見ることができる，https://afroculinaria.com，および Richard Wilk and Livia Barbosa, *Rice and Beans*（New York, 2012）を参照されたい。

5 本書に挙げた「L'Inno al Fagiolo」の翻訳は，食の人類学者で，『トスカーナの食卓を囲んで *Around the Tuscan Table*』の著者でもあるキャロル・クーニハンによるもの。Carole M. Counihan, *Around the Tuscan Table: Food, Family, and Gender in Twentieth-century Florence*（New York, 2004）.

6 'Bean Town Origin', www.celebrateboston.com（2018年２月27日アクセス）

7 Jim Dawson, *Who Cut the Cheese? A Cultural History of the Fart*（Berkeley, CA, 1999）

8 Rossi Anastopoulo, 'The Radical Pie That Fueled a Nation', www.tastecooking.com, 13 November 2018.

9 Sidney W. Mintz and Daniela Schlettwein-Gsell, 'Food Patterns in Agrarian Societies: The "Core-Fringe-Legume Hypothesis" A Dialogue', *Gastronomica: The Journal of Critical Food Studies*, I/3（2001）, pp. 40-52.

10 Leslie Cross, 'Veganism Defined', *The Vegetarian World Forum*, I/5（1951）, pp. 6-7.

11 www.vegansociety.com を参照（2018年６月16日にアクセス）。

12 America's Test Kitchen は，あなた自身のアクアファバの作り方についていくつかアドバイスを提供している。'What is Aquafaba', www. americastestkitchen.com を参照（2018年12月26日にアクセス）。

第４章　豆にまつわる伝承と文学

1 Ken Albala, Beans: A Global History（New York, 2007）.

2 Charles W. Eliot, The Harvard Classics Folk-lore and Fables（New York, 1909）.

第５章　豆の料理

1 'Feijoada: "A Short History of an Edible Institution"', https://web.archive.org（2018年11月13日にアクセス）

2 'Fagioli nativi di Tepetlixpa'（Tepetlixpa Native Beans）, www.fondazioneslowfood.com（2018年６月15日にアクセス）

3 新世界原産の多くの豆をいまもまだ見ることができるのは，「ネイティブシー

ズ／サーチ」などの組織やランチョ・ゴルドの保存活動のおかげだ。これらの豆はすべて，マメ科いんげん豆属に分類される。

4　Andrew F. Smith, Eating History (New York, 2009).

5　Izabela Rutkowski, 'Crock Pot Slow Cookers Are a Must for Fast-paced Lives', 6 September 2013, www.consumerreports.org.

6　'A Look at the Company Behind the Revolutionary Cooking Appliance', https://instapot.com（2018年３月24日にアクセス）

7　Domenic Priore, 'The History of Barney's Beanery', https://barneysbeanery.com（2018年12月26日にアクセス）

第６章　豆の未来

1　Geoffrey J. Leigh, *The World's Greatest Fix: A History of Nitrogen and Agriculture* (Oxford, 2004).

2　Tom Philpott, 'A Brief History of Our Deadly Addiction to Nitrogen Fertilizer', 19 April 2013, www.motherjones.com.

3　https://impossiblefoods.com を参照。（2018年６月16日にアクセス）。

4　1901年に創業されたモンサントは，もともと砂糖の代用品であるサッカリンの製造販売を行なっていた。'Monsanto History', https://monsanto.com を参照（2018年６月16日にアクセス）。

5　国際アグリバイオ事業団は，バイオテク／GM（遺伝子組み換え）作物に関して祝福すべき上位10の事実を載せたパンフレットを発行した。Clement Dionglay, 'Beyond Promises: Top Ten Facts About Biotech/GM Crops in Their First 20 Years, 1996 to 2015', ed. Rhodora R. Aldemita, www.isaaa.org, June 2016を参照。

6　Umberto Eco, 'Best Invention: How the Bean Saved Civilization', www.nytimes.com（2019年２月18日にアクセス）。

ナタリー・レイチェル・モリス（Natalie Rachel Morris）
フードシステム・インストラクター，食と文化の研究者，料理研究家。アリゾナ州の地産地消を推し進める組織「グッド・フード・ファインダー」の創設者。アリゾナ州立大学勤務。メサ・コミュニティ・カレッジでは，持続可能な食システムのプログラムについて教えている。歴史，文化，食システムの形成に食べものが果たす役割について学ぶためにヨーロッパ諸国およびモロッコを探訪。現在はアリゾナ州在住。

竹田円（たけだ・まどか）
東京大学人文社会系研究科修士課程修了。訳書に『「食」の図書館　お茶の歴史』（ヘレン・サベリ著／原書房），『嘘と拡散の世紀』（ピーター・ポメランツェフ著／原書房／共訳）『かくしてモスクワの夜はつくられ，ジャズはトルコにもたらされた』（ウラジーミル・アレクサンドロフ著／白水社）などがある。

「食《しょく》」の図書館《としょかん》

豆《まめ》の歴史《れきし》

●

2020 年 *10* 月 *28* 日　第 *1* 刷

著者……………ナタリー・レイチェル・モリス
訳者……………竹田《たけだ》 円《まどか》
装幀……………佐々木正見
発行者……………成瀬雅人
発行所……………株式会社原書房

〒 160-0022 東京都新宿区新宿 1-25-13
電話・代表 03(3354)0685
振替・00150-6-151594
http://www.harashobo.co.jp

印刷……………新灯印刷株式会社
製本……………東京美術紙工協業組合

ISBN 978-4-562-05854-9, Printed in Japan

ジンの歴史 《「食」の図書館》

レスリー・J・ソルモンソン著　井上廣美訳

オランダで生まれ、イギリスで庶民の酒として大流行。やがてカクテルのベースとして不動の地位を得たジン。今も進化するジンの魅力を歴史的にたどる。新しい動き「ジン・ルネサンス」についても詳述。　2200円

バーベキューの歴史 《「食」の図書館》

J・ドイッチュ／M・J・イライアス著　伊藤はるみ訳

たかがバーベキュー。されどバーベキュー。火と肉だけのシンプルな料理ゆえ世界中で独自の進化を遂げたバーベキューは、祝祭や政治等の場面で重要な役割も担ってきた。奥深いバーベキューの世界を大研究。　2200円

トウモロコシの歴史 《「食」の図書館》

マイケル・オーウェン・ジョーンズ著　元村まゆ訳

九千年前のメソアメリカに起源をもつトウモロコシ。人類にとって最重要なこの作物がコロンブスによってヨーロッパへ伝えられ、世界へ急速に広まったのはなぜか。食品以外の意外な利用法も紹介する。　2200円

ラム酒の歴史 《「食」の図書館》

リチャード・フォス著　内田智穂子

カリブ諸島で奴隷が栽培したサトウキビで造られたラム酒。有害な酒とされるも世界中で愛され、現在では多くのカクテルのベースとなり、高級品も造られている。多面的なラム酒の魅力とその歴史に迫る。　2200円

ピクルスと漬け物の歴史 《「食」の図書館》

ジャン・デイヴィソン著　甲斐理恵子訳

浅漬け、沢庵、梅干し。日本人にとって身近な漬け物は、古代から世界各地でつくられてきた。料理や文化としての発展の歴史、巨大ビジネスとなった漬け物産業、漬け物が食料問題を解決する可能性にまで迫る。　2200円

（価格は税別）

コーヒーの歴史 《「食」の図書館》
ジョナサン・モリス著　龍和子訳

エチオピアのコーヒーノキが中南米の農園へと渡り、世界中で愛される飲み物になるまで。栽培と消費の移り変わり、各地のコーヒー文化のほか、コーヒー産業の実態やスペシャルティコーヒーについても詳述。　2200円

テキーラの歴史 《「食」の図書館》
イアン・ウィリアムズ著　伊藤はるみ訳

メキシコの蒸溜酒として知られるテキーラは、いつ頃どんな人々によって生みだされ、どのように発展してきたのか。神話、伝説の時代からスペイン植民地時代を経て現代にいたるまでの興味深い歴史。　2200円

ラム肉の歴史 《「食」の図書館》
ブライアン・ヤーヴィン著　名取祥子訳

栄養豊富でヘルシー…近年注目されるラム肉の歴史。古代メソポタミアの昔から現代まで、古今東西のラム肉料理の歴史をたどり、小規模で持続可能な農業についても考察する。世界のラム肉料理レシピ付。　2200円

ダンプリングの歴史 《「食」の図書館》
バーバラ・ギャラニ著　池本尚美訳

ワンタン、ラヴィオリ、餃子、団子…小麦粉などを練ってつくるダンプリングは、日常食であり祝祭の料理でもある。形、具の有無ほか、バラエティ豊かなダンプリングにつまった世界の食の歴史を探求する。　2200円

シャンパンの歴史 《「食」の図書館》
ベッキー・スー・エプスタイン著　芝瑞紀訳

人生の節目に欠かせない酒、シャンパン。その起源や造り方から、産業としての成長、戦争の影響、呼称問題、泡の秘密、ロゼや辛口人気と気候変動の関係まで、シャンパンとスパークリングワインのすべて。　2200円

（価格は税別）